湘中锡矿山矿区的流体作用及其与锑成矿的关系

Fluid Process and Its Relationship with Antimony Mineralization in the Xikuangshan Mining Area, Central Hunan

胡阿香　彭建堂　著

中南大学出版社
www.csupress.com.cn
·长沙·

图书在版编目（CIP）数据

湘中锡矿山矿区的流体作用及其与锑成矿的关系／
胡阿香，彭建堂著. —长沙：中南大学出版社，2021.9
ISBN 978-7-5487-2355-4

Ⅰ. ①湘… Ⅱ. ①胡… ②彭… Ⅲ. ①锑矿床－成矿
模式－研究－湖南 Ⅳ. ①P618.660.1

中国版本图书馆 CIP 数据核字(2021)第 099110 号

湘中锡矿山矿区的流体作用及其与锑成矿的关系
XIANGZHONG XIKUANGSHAN KUANGQU DE LIUTI ZUOYONG JIQI YU TICHENGKUANG DE GUANXI

胡阿香　彭建堂　著

□责任编辑	伍华进	
□责任印制	唐　曦	
□出版发行	中南大学出版社	
	社址：长沙市麓山南路	邮编：410083
	发行科电话：0731-88876770	传真：0731-88710482
□印　　装	湖南省众鑫印务有限公司	

□开　　本	710 mm×1000 mm 1/16	□印张 10.25	□字数 207 千字		
□版　　次	2021 年 9 月第 1 版	□印次 2021 年 9 月第 1 次印刷			
□书　　号	ISBN 978-7-5487-2355-4				
□定　　价	88.00 元				

作者简介 /

About the Author

胡阿香 女，1987 年 8 月生，汉族，中共党员，讲师。2010 年本科毕业于中南大学地质工程专业，2013 年、2018 年分别获得该校矿产普查与勘探专业的硕士学位和工学博士学位。2018 年 9 月至今，在湖南城市学院土木工程学院工作。主要从事矿床学、地球化学、流体包裹体等研究工作；主持国家自然科学基金项目和湖南省自然科学基金项目各 1 项，作为重要成员参与国家自然科学基金面上项目 3 项。目前已在 *Ore Geology Reviews*、《岩石学报》《地质论评》《大地构造与成矿学》等国内外重要刊物上发表学术论文 12 篇，其中作为第一作者发表 SCI 论文 2 篇、EI 论文 1 篇。

彭建堂 男，1968 年 8 月生，汉族，中共党员，教授、博士生导师。1992 年毕业于中南工业大学地质系，1997 年获该校矿产普查与勘探专业博士学位；1997 年—2000 年在中科院地球化学研究所博士后流动站工作，后留所工作。现主要从事矿床学、矿床地球化学、同位素年代学以及成矿预测研究。曾先后任矿床地球化学国家重点实验室学术委员会委员、中国地质学会矿山地质专业委员会理事、国际矿床成因协会(IAGOD)中国国家委员会会员和中国矿物岩石地球化学学会终身会员、《地质论评》编委。曾先后承担国家攀登计划项目、国家 973 项目、国家重点研发计划项目、国家自然科学基金项目、国家科技支撑计划项目。目前已在国内外重要刊物上发表学术论文 150 余篇，其中 SCI 论文 60 多篇，参与撰写专著 3 部。

内容简介

Introduction

　　湘中锡矿山锑矿床是世界上最大的锑矿床，素有"世界锑都"之美称。地壳中锑的丰度很低，极难富集，为什么在不足 16 km^2 的锡矿山矿区会发生如此巨量的矿石堆积，这一直是困扰人们的难题。本书从该区流体作用的产物入手，运用矿物学、岩石学、矿床学和地球化学等方法和手段，对锡矿山矿区不同期次的流体及流体作用进行了研究，试图从流体作用角度来揭示锡矿山矿区巨量矿石堆积的内在原因。本书为作者团队近十年对锡矿山矿区进行研究取得的部分成果，这些研究得到了国家自然科学基金项目(项目编号：41272096 和 42102073)、湖南省自然科学基金项目(项目编号：2020JJ5016)和国家重点研发计划项目(项目编号：2018YFC0603500)的联合资助。

　　全书共分为 7 章，第 1 章为绪论，简要介绍了流体及流体作用、以及锡矿山锑矿床的研究现状；第 2 章、第 3 章分别为区域地质背景和矿床地质特征；第 4 章介绍了锡矿山矿区流体作用产物的基本特征，将矿区的矿体、蚀变围岩和液压致裂角砾岩作为一个有机整体加以解剖；第 5 章为流体包裹体岩相学和显微测温研究，介绍了矿区不同期次脉石矿物和矿石矿物中流体包裹体的岩相学特征，并对不同时期、不同矿物的流体包裹体显微测温结果进行了分析；第 6 章系统讨论了该区流体作用及其与成矿的关系；第 7 章为巨量矿石堆积机制研究，讨论了锡矿山矿区矿石矿物和脉石矿物的沉淀机制，并从充足的矿源、大规模的流体作用、理想的成矿场所、有效的沉淀机制等方面揭示了该矿区矿石巨量堆积的原因。

　　本书内容丰富、数据详实、逻辑清晰、结构严谨，可作为矿床学、地球化学、岩石学等相关专业研究生的学习参考书，也可供从事矿产地质的科研人员和找矿勘探工作者参考。

前言 / Foreword

　　地球内部的流体是不断发生交换和循环的，正是由于这种流体作用的发生，在很大程度上决定了地壳中物质和能量的运动与交换。超大型矿床的形成实际上是大规模流体作用的结果，没有流体的作用，矿质不可能仅依靠扩散机制发生富集成矿，更不可能形成诸如锡矿山之类的超大型矿床。前人虽然对锡矿山锑矿床进行了大量研究，并取得许多重要成果，但为什么锡矿山矿区会发生如此巨量的矿石堆积，形成的锑矿资源超过国外锑矿储量之和，一直是困扰人们的难题。尽管前人也对锡矿山锑矿床进行过少量流体包裹体研究，但很少有人从流体作用和流体演化角度去研究锡矿山锑矿床的形成过程；不同期次的流体在锡矿山超大型锑矿床的形成过程中究竟扮演何种角色，目前尚不清楚。正是基于上述科学问题，本书从流体作用产物入手，运用矿物学、岩石学、矿床学和地球化学等方法和手段，对锡矿山矿区不同期次的流体作用进行了系统的研究，试图从流体作用和流体演化角度去揭示该矿区巨量矿石的堆积机制。

　　本书将锡矿山矿区的矿体、蚀变围岩和液压致裂角砾岩作为一个有机整体加以分析，结合矿石矿物和脉石矿物中流体包裹体的研究，揭示了该区不同期次流体的地球化学特征和流体性质，以及流体作用的时间、方式、规模和强度；发现岩相学上"共生"的矿石矿物和脉石矿物有着不同的包裹体岩相学特征、显微测温结果和沉淀机制。本书最后探讨了不同期次的流体作用与成矿的关系，揭示了锡矿山矿区矿石巨量堆积的机制。本书不仅详细地介绍了锡矿山矿区流体作用产物(锑矿体、蚀变围岩、液压致裂角砾岩)的特征及流体包裹体研究成果,而且还深入探讨了不同期次流体作用及其与成矿的关系,揭示了该区巨量矿石的堆积机制,为矿产地质专业的学生、技术人员和研究人员提供了参考。

本书的研究工作得到了国家自然科学基金项目(项目编号:41272096 和 42102073)、湖南省自然科学基金项目(项目编号:2020JJ5016)和国家重点研发计划项目(项目编号:2018YFC0603500)的联合资助。

中南大学地球科学与信息物理学院的林芳梅、刘守林、邓穆昆、伍华进、谢青等同学参与了野外地质调查工作,中国科学院地球化学研究所的蔡佳丽老师、秦朝建老师、木兰博士以及贵州大学资源与环境工程学院的祝亚男博士,在流体包裹体实验分析过程中,提供了许多帮助,在此一并致谢。

由于各种原因,书中的认识和解释难免有不妥之处,敬请批评指正。

著 者

2021 年 4 月

目录 / Contents

第 1 章 绪 论

1.1 研究背景与研究意义

锑在地壳中丰度很低，极难富集，在国外往往归为稀有金属，并先后被美国、欧盟、日本等列为具有战略意义的关键金属。仅在我国被列为有色金属（乌家达等，1989）。锑作为我国的特色矿产之一，据统计，2015 年我国锑的产量为 1.1×10^5 t，约占世界总产量的 77.5%（USGS，2017），锑的储量为 5.3×10^4 t，约占世界总储量的 35.3%（USGS，2017）。锑的产量和储量，我国均居世界首位，这为我国学者开展锑矿的相关研究，提供了得天独厚的条件。中低温热液型锑矿床是全球锑资源的最主要来源，因而其成矿作用在国内外矿床学界长期备受关注。

自然界中锑的分布极不均匀，全球锑矿具有成群、成带分布的特征，我国的锑矿分布也是如此。我国锑矿主要集中分布在华南锑矿带、昆仑—秦岭锑矿带、滇西—西藏锑矿带和长白山—天山锑矿带等四个锑矿带中（Wu，1993；肖启明等，1992；张国林等，1998；彭建堂，2000；王永磊等，2014）。其中华南锑矿带为我国最主要的锑矿生产基地（刘建明等，1998），该带东起安徽，经湖北、江西、湖南、贵州、广西，西至云南，总体上呈 NEE 向展布，延长可达 1900 km，宽约 200 km，是世界上最重要的锑矿带。该带目前已发现 500 余个锑矿床（点），占我国锑矿总数的 85.5%，锑探明储量占全国总储量的 83.1%（肖启明等，1992）。全国十个大型锑矿床（锡矿山、大厂、沃溪、渣滓溪、板溪、茶山、半坡、晴隆、木利、公馆），除公馆外其余九个均分布于华南锑矿带中。

湘中地区是华南锑矿带中锑矿分布最为密集的地段，目前已发现的锑矿床（点）多达 173 处（史明魁等，1993），代表性矿床包括锡矿山锑矿床、沃溪金锑钨矿床、渣滓溪锑钨矿床、板溪锑矿床等。其中该区的锡矿山锑矿床是全球唯一的超大型锑矿床，被称为"世界锑都"，其锑产量占我国总产量的 2/3 以上。正因为锡矿山锑矿床具有储量大、品位富等特点，吸引了大量国内外研究者对其进行研究。

地壳中丰度很低的锑，为什么能在锡矿山矿区面积不足 16 km² 的范围内发生巨量的矿石堆积，形成世界上唯一的超大型锑矿床，这一直是困扰地学界的难题。锡矿山锑矿床，作为一典型赋存于沉积岩中的后生热液矿床，其矿石的巨量堆积，显然是流体大规模汇聚并发生沉淀的产物。尽管前人对锡矿山矿区成矿流体进行过一些研究，但这些研究较零散、不系统，目前尚无人从流体作用和流体演化角度去探讨锡矿山矿区巨量矿石堆积的机制。该区流体作用产物的地质、地球化学特征，矿区流体作用的期次，不同期次流体的性质、来源和流体作用过程，以及不同期次流体在锡矿山锑矿床形成过程中扮演的角色，目前尚不清楚，也很少有人对上述问题进行研究。因此，本书在详细野外研究的基础上，从流体作用的产物入手，利用矿物学、岩石学、矿床学和地球化学等研究方法、手段，对锡矿山矿区的流体演化和流体作用开展了研究，揭示各期次流体作用过程及其机制，从流体作用角度揭示锡矿山矿区发生巨量矿石堆积的内在原因。对锡矿山矿区超大型锑矿床的研究，有助于深化对该矿成矿过程和成矿机理的认识，揭示锑元素大规模成矿和局部超常富集的机制，这对提高我国锑矿的理论研究水平和指导找矿勘探实践，均有着十分重要的意义。

1.2　流体及流体作用的研究现状

流体广泛存在于地球内部，是一种把地球内部诸多系统相互联系在一起的媒介，是地壳乃至地球深部各种作用的关键点和纽带(李院生等，1997)，在地球化学和地球动力学演化中扮演着重要的角色(Yardley and Bodnar, 2014)。同时流体作为地球深部一种特殊的组分，在显著改变矿物和岩石的物理化学性质、地球内部地质作用及矿床的形成等过程方面也发挥着十分重要的角色(杨晓志等，2007)。加强对流体作用的研究，不仅可以增强人们对地球流体作用本身的了解，更有利于改变和深化人们对地壳内部结构、组成、演化和动力学特征的认识，从而推动地球化学基础理论和应用研究的发展，因此，研究地壳中的流体具有重要的意义(郑永飞，1996)。

1)流体的定义及分类

流体，基于其流动的性质，指能流动的物体；基于其流变的性质，指一个物体受到一个应力作用时，这个物体会改变它的大小、形状和组成，这就是流体(卢焕章，2011)。20 世纪 50 年代到 70 年代，流体逐渐引起地质学家的关注(Yardley and Bodnar，2014)。Fyfe et al. (1978)系统论述了流体在地壳中的作用，特别是从板块构造运动的机理方面讨论了流体作用的问题，将流体与地壳运动联系起来，这是最早全面阐述流体作用的著作。自《Fluids in the Earth's Crust》(Fyfe et al.，1978)出版以来，流体研究已成为地球科学家们瞩目的重要课题，将流体活动与岩石圈的形成与演化相联系，从流体的角度重新考察并认识各种地质作用过程，已经成为地学领域新的研究方向(徐学纯，1996)。

地球内部的流体主要是 H_2O、CO_2(包括 CH_4、N_2、H_2、稀有气体等)、岩浆熔融体，也有学者将正处于流变状态下的固体岩石归为流体(Fyfe et al.，1994；李院生等，1997)。前人的研究证实，地壳及地球深部不仅有热的岩浆熔融体流体，还存在着大量以水和二氧化碳为主的流体(郑乐平等，1995；李院生等，1997)。在最近冰岛深海钻探工程的研究中发现，当深度达 4.5 km，流体的温度约 600℃时，流体中仍存在大量以水为主的气相(Bali et al.，2020)。即使是来源于地表的流体(大气降水)，其在地壳进行大规模循环的深度也可达 10~15 km 或更深(李院生等，1997)。

地质流体，是指存在并活跃于岩石圈中，由 H_2O、CO_2、烃类以及卤素、S、N 等挥发分及其中的溶解组分一同构成的复杂流体相(刘建明和刘家军，1997；汪元生，2002)。其气体成分主要有 CO_2、CH_4、H_2S、SO_2 和 N_2，它们的组合与流体的氧逸度、温度和压力相关(Holloway，1984；Yardley and Bodnar，2014)。成矿流体，尤其是富含挥发份、卤素及不相容碱金属、碱土金属元素的流体溶液，是一种特殊的地质流体(Yardley and Bodnar，2014)，成矿流体的演化过程即为矿床的形成过程(邓军等，2005)。

2)地壳中的流体作用

地球内部的流体不断发生交换和循环，正是由于这种流体作用的发生，在很大程度上决定了地壳中物质和能量的运动和交换，且影响和制约着地壳中岩浆作用、变质作用、构造运动和成岩成矿作用等各种地质作用的过程，并导致元素的迁移和再分配(李院生等，1997)。

岩石中的质量转移方式主要包括固体扩散作用、流体的渗流(infiltration)或平流(advection)作用(Fletcher and Hofmann, 1974; Mccaig and Knipe, 1990)。固体扩散主要包括晶体扩散和沿矿物颗粒边界扩散两种机制。众所周知，在缺乏流体作用的条件下，元素在固体中的扩散速度很低，在 Ma 尺度，元素沿矿物颗粒边界迁移距离只有数米远；而晶格扩散的速率更低，元素迁移的距离更短（Fyfe et al. , 1978; Etheridge et al. , 1984; Mccaig and Knipe, 1990)。而在没有受到约束的流体相中，1Ma 内物质最快可迁移 2 km 左右(Etheridge et al. , 1984; Mccaig and Knipe, 1990)。实际上，在地壳中温度低于熔点的情况下，大多数化学搬运作用和许多矿物之间的化学反应，均涉及流体作用(Fyfe et al. , 1978)。因此，流体作用对地壳中物质交换是不可替代的。没有流体参与的任何地质作用实际上都是没有意义的，流体是岩石圈物质和能量传输最为活跃的因素（刘建明和刘家军，1997)。

矿床是有用矿物或有用元素的集合体，是分散于岩石中的成矿元素发生活化迁移、富集成矿的产物。研究表明，自然界中大部分金属元素富集成矿，也需要借助流体的搬运作用。超大型矿床的形成过程也可视为大规模流体作用的结果(Borisenko and Obolensky, 1994)，没有流体的作用，矿质不可能仅依靠扩散机制发生富集成矿，更不可能形成诸如锡矿山之类的超大型矿床。

3）成矿流体作用的研究途径

在热液成矿系统中，热液流体作用的最终产物为蚀变围岩和矿体。蚀变围岩为成矿流体与围岩发生水/岩反应，交换物质和能量的产物（袁见齐等，1984)；而矿体中的矿石矿物和脉石矿物均是直接从成矿热液中沉淀形成的，是流体直接作用的产物。因此，人们也主要是借助于矿石和(或)蚀变围岩，来直接或间接揭示成矿流体的作用过程和成矿机制。

直接研究方法是以流体中沉淀出来的热液矿物为研究对象，直接测定矿物或矿物中的包裹体中的元素和同位素组成、成矿物理化学条件，来确定流体的组成、性质、来源以及流体发生沉淀的机制等。在早期研究中，人们主要以脉石矿物中的包裹体为研究对象，通过显微测温和群体包裹体的液相、气相成分分析，来确定流体的性质、类型、化学组成及成矿物理化学条件（张文淮等，1996; 芮宗瑶等，2003; 卢焕章等，2004; 池国祥和赖健清，2009)。但自 20 世纪 80 年代末以来，伴随着红外显微镜在地球科学中的使用，使矿石的沉淀机制变得更为准确、可靠，因为那些在岩相学上紧密共生的矿石矿物和脉石矿物，它们也可能是从不同性质和成分的流体中沉淀形成的，两者可能有着完全不同的均一温度和盐度（Campbell and Robinson-Cook，1987；Campbell and Panter，1990；Bailly et al.，2000；Dill et al.，2008；Wei et al.，2012；王旭东等，2013；Zhu and Peng，2015；Hu and Peng，2018；Ni et al.，2020；邬斌等，2020）。近年来，随着激光拉曼光谱仪和电感耦合等离子质谱仪（LA-ICP-MS）的使用，包裹体的成分研究从群体分析转为单个包裹体分析，分析的精度和准确性得到了显著提高（胡圣虹等，2001；王莉娟等，2006；李晓春等，2010；刘家军等，2010；何佳乐等，2015），成矿流体的成分、性质、来源、演化及矿石沉淀的过程得到了进一步的精确制约。

间接研究方法是通过比较蚀变围岩和未蚀变围岩在矿物组成、岩石组构、化学成分、物理性质和化学性质等方面的差异，从而推断其可能存在的水/岩反应过程和所发生的化学反应，进而推断成矿流体的性质、化学组成及成矿物理化学条件（张荣华，1974；杨志明等，2008；高翔等，2011；张婷和彭建堂，2014）。自20 世纪 80 年代以来，人们开始采用定量研究的方法来进行质量平衡计算，判断蚀变过程中物质的带入、带出情况，进而判断流体的化学组成及流体作用过程中不同元素的地球化学行为（Grant，1986；MacLean and Kranidioti，1987；解庆林等，1996a；高斌和马东升，1999；Cail and Cline，2001；Garofalo，2004；Guo et al.，2009，2012；张婷和彭建堂，2014）。

值得一提的是，目前人们更倾向于直接测定矿石中的脉石矿物或矿石矿物中包裹体的成分和温压条件，来揭示成矿流体性质、金属的迁移形式和沉淀机制，但从围岩蚀变角度来揭示成矿流体组成和性质的研究并不多，而将两者有机结合起来研究流体及流体作用的更少。

4）包裹体在流体研究中的应用

流体包裹体，是指在地质过程中，寄主矿物由于矿物的晶格缺陷等，而捕获的流体。包裹体一旦被捕获，便不受后期地质事件和外来物质的影响（卢焕章，2011），它如实记录着古流体的特征和性质（Chi et al.，2021），是保留古流体原始成分的最佳样品（李国光等，2020）。因此，矿物中的流体包裹体，是我们研究古流体最理想的对象，可以解决流体作用过程中的许多关键问题。

（1）确定流体的组成和性质

流体的组成包括气相成分和液相成分，早期的研究主要是采用包裹体群体分析的方法，用爆裂法将包裹体中的气相和液相提取，分别用气相和液相光谱仪来确定其气、液相组成（Roedder et al.，1997）。随着科学技术的进步，包裹体的成分分析得到显著的提升，由包裹体的群体分析转变为对单个包裹体的直接测定，如利用激光拉曼光谱确定包裹体的气相组成(CO_2、H_2O、CH_4等)(张敏等,2007;陈勇等,2009;杨丹和徐文艺,2014;何佳乐等,2015),利用激光熔蚀-电感耦合等离子质谱(LA-ICP-MS)来确定包裹体中的成矿元素和微量元素含量(Shepherd and Chenery,1995;Moissette et al.,1996;Longerich et al.,1996;Günther et al.,1998;Heinrich et al.,2003;卢焕章等,2004;Su et al.,2008;蓝廷广等,2017;Pan et al.,2019;李国光等,2020)。

根据流体包裹体的岩相学和显微测温结果,可确定流体的溶液是一元体系、二元体系还是三元体系等(张德会等,2011)。一元体系主要有NaCl、H_2O、CO_2等,二元体系主要有$H_2O-NaCl$、H_2O-CO_2等,三元体系主要为$H_2O-NaCl-CO_2$等。

(2)确定成矿物理化学条件

根据对流体包裹体的均一温度和冰点温度的测定,可以获得成矿流体的密度、流体组成等。流体包裹体的均一温度代表流体形成的温度,流体的盐度通过$W=0.00+1.78 \cdot T_m-0.0442 \cdot T_m^2+0.00557 \cdot T_m^3$(Hall et al.,1988)获得。通过均一温度和盐度可进一步获得流体的密度和压力。根据流体的压力,再合理确定静水压力梯度(10×10^6 Pa/km)和静岩压力($26 \times 10^6 \sim 33 \times 10^6$ Pa/km),可得到流体的形成深度。根据测得的流体包裹体成分和前人资料中的计算公式,可估算出流体的pH、Eh等成矿物理化学条件。

根据成矿条件可以进一步确定矿床类型。根据测定成矿流体中的流体包裹体获得的温度和盐度,已成为大部分研究者进行矿床分类的两个重要依据(Goldstein,1986;Bodnar and Vityk,1994;Wilkinson,2001)。如根据形成温度,热液矿床可分为低温热液矿床、中温热液矿床和高温热液矿床(Lindgren,1922,1933;涂光炽,1998;Robb,2005),且低温、中温和高温热液矿床的温度范围分别为50~200℃、200~400℃以及400~600℃(Bates and Jackson,1987;Kearey,1993)。另外,不同类型的热液矿床具有不同的盐度(Kesler,2005),如斑岩矿床中成矿流体的盐度一般比较高,甚至可高达60% NaCl equiv.以上(Roedder,1971;Hedenquist et al.,1998;Ulrich et al.,2002;Harris and Golding,2002);密西西比河谷型(MVT)Pb-Zn矿床成矿流体的盐度往往也较高,约为(20±5)% NaCl equiv.(Jr et al.,1987;Muchez et al.,1994;Heijlen et al.,2001;Basuki et al.,2002;Conliffe et al.,2013;Bodnar et al.,2014);但是在造山型金矿和卡林型金矿中成矿流体的盐度普遍比较低,其中造山型金矿一般低于6.0% NaCl equiv. (Groves et al., 1998; Ridley and Diamond, 2000; Groves, 2003; Goldfarb et al., 2005),卡林型金矿的盐度一般低于 7.0% NaCl equiv. (Emsbo and Hofstra, 2003; Cline et al., 2005; Muntean et al., 2011)。

(3)确定矿石沉淀机制

流体的运移过程也是流体的聚集过程,在合适的条件下,将其中的一些金属元素、S、SiO_2 等组分卸载、沉淀下来,而流体的主体继续迁移(卢焕章,2011)。流体沉淀的机制主要有冷却、沸腾、混合、水/岩反应等。其中沸腾作用和混合作用目前被认为是两种最重要的矿石矿物形成机制(Wilkinson,2001; Pan et al.,2019)。

研究表明,大多数矿石矿物,尤其是硫化物的溶解度随着温度的降低而减小(Crerar and Barnes,1976;华仁民等,1993),但是自然界依靠单纯的冷却使矿石矿物沉淀必须满足以下两个条件(张德会,1997):①成矿物质在成矿流体中应达到饱和,才能使溶解度随着温度的降低而减小,使矿质沉淀;②成矿流体的温度要在较小的范围和空间内有较大幅度的降低,否则矿化会稀疏散布在较大的空间。单纯冷却需要的这两个条件在自然界很难同时满足,因此单纯的冷却作用不应是矿质沉淀的最有效机制。

沸腾作用的显著特征是有气相的产生,当流体中的 H_2O、CO_2、H_2S 等组分由于温度增加或者压力降低,发生逃逸而进入气相时,不仅使流体中矿石浓度增大,而且造成流体的 pH 值、Eh 值、硫浓度等增大,从而使矿物发生沉淀(张德会,1997; Wilkinson,2000)。沸腾作用一般产生的空间不大,且持续的时间也不会太长,因此,尽管它是许多矿石矿物沉淀的重要机制,但是,沸腾作用对大型和巨型矿床中矿石矿物的沉淀是有限的(张德会,1997; Wilkinson,2000)。

混合作用也是矿物沉淀的重要机制,且世界上较多的大型、巨型矿床的形成均与混合作用密不可分(刘英俊和马东升,1991; Haynes et al.,1995; Cooke et al.,1996;张德会,2015)。混合作用主要是通过降温冷却和稀释效应引起矿物沉淀,同时混合作用是流体与流体的混合,其反应速率大大高于流体与固体的反应,且混合作用的影响范围较大,持续时间也较长(张德会,1997)。Wilkinson(2000)指出,无论从理论上还是实验上,均难以证明大部分硫化物中的 S 和金属物质是来自同一流体,因此硫化物矿床的形成往往是含 S 的流体和含金属物质的流体发生混合作用所致。

另外,流体与围岩发生的水/岩反应也能通过改变流体的 H_2S 浓度、降低温度等两种途径导致矿物发生沉淀(张德会,1997)。

1.3 锡矿山锑矿床的研究现状

锡矿山锑矿床发现于 1541 年,当地村民误将锑矿认为锡矿,后来因所得非锡,故而遗弃。直到 1897 年才正式开始民间露天开采,至 1908 年,锡矿山的锑矿产量约占世界锑产量的一半。据统计,1921—1935 年,锡矿山锑矿的总产量占世界总产量的 36.6%,占中国出口总量的 60.9%[①]。锡矿山发展至今,经历了由乱到治、由小到大、由分散到统一、由手工作业到半机械化、机械化、自动化的发展过程。

锡矿山自 1915 年 Tegengren 开展首次地质调查以来,到现在已有 100 多年的研究历史,人们对该矿已开展过大量研究,取得了一系列重要研究成果,现主要从成矿物质、成矿流体、成矿时代以及矿床成因等方面,对锡矿山的研究现状进行阐述。

1.3.1 成矿物质

对于锡矿山矿区巨量矿质锑究竟来自何处,人们一直争议很大,主要有以下两种观点:

① 部分研究者根据该区赋矿地层中 Sb 的高背景值,认为成矿物质来自赋矿围岩,泥盆系为其矿源层(刘文均,1992)。但是后来的研究表明,华南泥盆纪地层中 Sb 含量并不高,锡矿山地区泥盆系沉积成岩过程中 Sb 并未发生明显的富集(匡耀求,1991),矿区 Sb 的高背景值含量是后期热液叠加的结果(黎盛斯,1996;印建平和戴塔根,1999)。另外泥盆系为矿源层似乎难以解释湘中多层位赋矿的地质现象和整个湘中地区巨量金属 Sb 的来源。② 有研究者认为成矿物质来自基底地层(杨照柱等,1998a;彭建堂和胡瑞忠,2001;马东升等,2002,2003;Fu et al.,2020a)。

综合前人对锡矿山矿区 Pb 同位素(刘文均,1992;刘智渊,1995;金景福等,1999;陶琰等,2001;马东升等,2003)、S 同位素(林肇凤等,1987;陶琰等,

---

① 锡矿山锑矿矿志编纂委员会. 锡矿山锑矿志(1897—1981)[R]. 1983.

2001；刘焕品等，1985；杨舜全，1986；文国璋等，1993；Yang et al.，2006；Fu et al.，2020）、Si 同位素（易建斌和单业华，1994）、Sr 同位素（彭建堂等，2001）和 Nd 同位素（彭建堂等，2002a）等的研究，推断成矿物质很可能是来自基底地层。

1.3.2　成矿流体

正如前所述，成矿流体是锡矿山矿区赖以形成的基本前提和物质基础。关于该矿的成矿流体来源，大多数研究者均倾向于流体是来自经深部循环的大气降水（梁英华，1991；李智明，1993；印建平和戴塔根，1999；卢新卫等，2000；彭建堂等，2001；彭建堂和胡瑞忠，2001；陶琰等，2001；马东升等，2002；卢新卫和马东升，2003）。成矿流体的矿化剂主要是 Cl^-、CO_2、CH_4 和 SO_4^{2-}，因此人们主要是通过研究 C、O、S 等同位素的组成来示踪矿化剂的初始来源（金景福，2001），因而得出 C 同位素来自基底地层、S 同位素来自赋矿围岩（黎盛斯，1996；印建平和戴塔根，1999）。彭建堂和胡瑞忠（2001）认为，成矿早期流体中的 C 为岩浆来源，成矿晚期流体中 C 主要来自赋矿的碳酸盐岩。

1.3.3　成矿时代

矿床是特定时空条件下矿质的经济堆积体，成矿时代研究之重要性不仅在于确定矿床形成之时间坐标，同时也是探讨矿床成因以及区域成矿作用演化的重要方面（Laznicka，1999；翟明国等，2001）。

对于锡矿山锑矿的成矿时代，大多数研究者倾向于燕山晚期（刘光模和简厚明，1983；涂光炽，1984；林肇凤等，1987；史明魁等，1993；陶琰等，2001），也有一部分人认为是燕山早期（易建斌，1994；Hu et al.，1996）或喜山期（单业华和易建斌，1994；金景福等，1999）。彭建堂等（2002a）利用热液方解石的 Sm-Nd 同位素定年发现锡矿山存在两次大规模的成矿作用，发生时间分别为（155.5±1.1）Ma 和（124.1±3.7）Ma，对应晚侏罗世和早白垩世。目前大多数研究者倾向于彭建堂等（2002a）获得的年龄数据。

1.3.4　矿床成因

关于锡矿山的矿床成因一直是一个争议不休的话题，主要可以分为以下几种：① 中-低温岩浆热液矿床（刘光模等，1983；刘焕品等，1985；杨舜全，1986；饶家荣等，1999）；② 低温热液矿床（谌锡霖等，1983；涂光炽，1984；Dill et al.，

2008；Fu et al.，2020b）；③ 层控矿床、沉积-改造矿床或沉积-强改造层控矿床（肖启明和李典奎，1984；邹同熙等，1985；庄锦良，1987；张宝贵，1989；乌家达，1989；赵守耿，1992；文国璋等，1993；Wu，1993；刘建明等，2002；Fan et al.，2004）；④ 深循环热水成矿（刘文均，1992）、古热水活动区成矿（易建斌，1994），其中循环热水又有古海水（易建斌，1994）、热卤水（乌家达，1989）及混合古地下水（史明魁等，1993；胡雄伟，1995）等不同观点之分。

第 2 章 区域地质背景

湘中地区处于扬子板块与华夏板块的过渡带(图 2-1),主要包括湘中盆地(涟源盆地和邵阳盆地)和雪峰古陆两部分。湘中盆地为晚古生代碳酸盐岩断陷盆地,雪峰古陆为江南古陆的一部分,主要由前寒武纪浅变质岩组成。

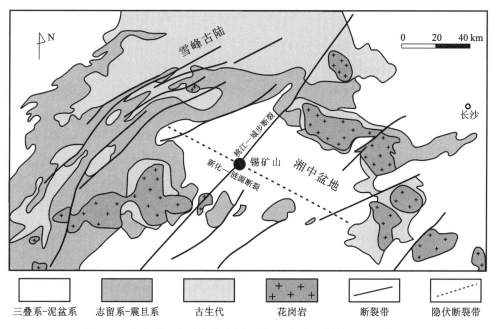

| 三叠系-泥盆系 | 志留系-震旦系 | 古生代 | 花岗岩 | 断裂带 | 隐伏断裂带 |

图 2-1 湘中地区大地构造位置示意图(据史明魁等,1993 修改)

2.1 地层

湘中地区出露的地层较全(表 2-1),除缺失中、上志留统、下泥盆统、中三叠统、上侏罗统及渐新统、中新统、上新统外,其他地层均有出露,以元古宙—上古生界最为发育(湖南省地矿局,1988)。

表 2-1　湘中地区地层简表

界	系	统	地层名称	厚度/m	界	系	统	地层名称	厚度/m
新生界	第四系	全新统	全新统	10~70	上古生界	石炭系	下统	刘家塘段	101~300
		更新统	上更新统	4~10				孟公坳段	22~328
			中更新统	5~60				邵东段	11~54
			下更新统	8~119		泥盆系	上统	锡矿山组	88~711
	新近系	上新统	缺失					佘田桥组	110~1369
		中新统						棋梓桥组	38~1072
		渐新统				中统	跳马涧组	71~567
	古近系	始新统	栗木坪组	>223~485				半山组	6~221
		古新统	霞流市组	316~1880			下统	缺失	
中生界	白垩系	上统	东塘组	405~1728	下古生界	志留系	上统	缺失	
			戴家坪组	1086~2984			中统		
		下统	神皇山组	948~2361			下统	周家溪群上组	>2450
			东井组	10~553				周家溪群下组	1517~3275
	侏罗系	上统	缺失			奥陶系	上统	五峰组	10~22
		中统	陌路口组	77~940			中统	南石冲组	19~33
			跃龙组	100~295				磨刀溪组	4~17
		下统	高家田组	78~338				烟溪组	5~60
			石康组	35~138			下统	桥亭子组	210~225
	三叠系	上统	造上组	32~141				白水溪组	58~200
			三丘田组	33~265		寒武系	上统	田家坪组	62~188
		中统	缺失					米粮坡组	50~259
		下统	麒麟山组	214~729			中统	探溪组	107~1000
			大冶组	370~832			下统	小烟溪组	150~733
上古生界	二叠系	上统	长兴组	30~400	新元古界	震旦系	上统	灯影组	6~123
			龙潭组	44~1477				陡山沱组	5~232
		下统	茅口组	43~927			下统	南沱组	6~2500
			栖霞组	8~41				湘锰组	35~820
	石炭系	上统	船山组	246~425				江口组	1~3223
		中统	黄龙组	479~520		板溪群		五强溪组	391~3061
		下统	梓门桥段	13~342				马底驿组	592~3000
			测水段	6~161		冷家溪群		未见底	2650~>7100
			石磴子段	52~247					

注：据湖南地矿局418队，1987简化

（1）新元古界

主要由冷家溪群（Pt₃ln）、板溪群（Pt₃bn）和震旦系组成。

冷家溪群（Pt_3ln）为区内已知最老的地层，主要见于凹陷隆起区。由浅灰、浅灰绿色浅变质细粒碎屑岩、黏土岩及含凝灰质细粒碎屑岩组成的一套复理石建造。由于尚未见底，推测其厚度大于 2500 m。该套地层主要出露于雪峰古陆一带，湘中盆地未出露，但产于湘中盆地中央的锡矿山矿区煌斑岩中捕获锆石的 U-Pb 年龄有一期为 828 Ma（彭建堂等，2014），这暗示在湘中盆地深部也存在这套老地层。

板溪群（Pt_3bn），主要分布于雪峰山地区，湘中坳陷内仅有双峰、城步一带有零星出露。与下伏的冷家溪群呈不整合接触。该套地层分为马底驿组和五强溪组，两者为整合接触关系，主要由浅变质砂岩、长石石英砂岩、砂岩、板岩、凝灰岩组成，属类复理石建造，局部含基性、中酸性火山岩及碳酸盐岩和炭质板岩。板溪群的总厚度约 3000~4750 m。锡矿山矿区煌斑岩中捕获锆石 U-Pb 年龄主要集中在 800 Ma 左右（彭建堂等，2014），与板溪群的年龄相当吻合，说明湘中盆地深部应有未出露的板溪群地层。

震旦系，分布于雪峰山地区及湘中坳陷内次级隆起中。与板溪群呈假整合、整合接触关系。可分为下统（江口组、湘锰组、南沱组）和上统（陡山沱组、灯影组）共五个组。下统由冰碛砾泥岩、冰碛粉砂岩、含砾板岩或粉砂岩、板岩组成，上统为硅质岩、黑色板状页岩、碳酸盐岩和少量磷块岩。厚度约 77.3~5664 m。

（2）下古生界

由寒武系、奥陶系和志留系组成，该区下古生界与震旦系为整合接触关系，且下古生界寒武系、奥陶系与志留系之间也为整合接触关系，说明下古生界是连续沉积的。

寒武系，主要分布于雪峰山隆起区东南侧以及坳陷内龙山—白马山、越城岭—牛头寨—关帝庙等穹窿。以硅质、炭质及碳酸盐建造为主，由北至南，岩性变异，炭质、泥砂质组分增高，厚度约为 350~2000 m。

奥陶系，分布范围与寒武系相当，分为上、中、下三统六个组，岩性以碎屑岩为主，其间夹有碳酸盐岩，厚度约 500~1000 m。

志留系，中、上统地层缺失，仅发育下统地层，散布于安化、溆浦等坳陷边缘的雪峰山东南侧地区，为浅变质的泥砂质类复理石建造，厚度约 724~4000 m。

寒武纪至早志留世，该区位于地势较低的浅海环境，而 NW 和 SE 两侧的地势较高,为本区提供了物源(Wang et al.,2010;褚杨等,2015)。

(3)上古生界

志留世末至早中泥盆世,华南经历了大规模的造山作用,主要体现在该区地层缺失,即中、上泥盆统直接覆盖在下古生代地层之上。

泥盆系,仅出露有中、上泥盆统,下泥盆统缺失,与下伏的志留系呈角度不整合接触。中泥盆统至上泥盆统发育的岩性为滨海-陆相碎屑岩和海相碳酸盐岩,且从南到北,碎屑岩逐渐增加,而碳酸盐岩逐渐减少,厚度约为1500~6000 m。

石炭系,分布范围较广,地层发育齐全,是区域重要的含煤地层,各统、组、段间属连续沉积,局部可见超覆现象,厚度约为130~380 m。

二叠系,主要分布在湘中坳陷带内,为碳酸盐岩和夹煤碎屑岩。厚约273~1860 m。

(4)中生界

三叠系,仅下统发育齐全,中统缺失,上统则发育不全,主要分布在湘中涟源、邵阳等地区,岩性以碳酸盐岩和碎屑岩为主,厚度约1500~1900 m。

侏罗系,下侏罗统下部为海陆交互相含煤沉积,下侏罗统上部至中侏罗统为陆相沉积,缺失上侏罗统,总厚约701~1210 m。

白垩系,属于陆相沉积。下统主要为滨海、浅海相紫红色砂泥岩及山麓相砂砾岩,局部夹盐湖相沉积;上统岩相复杂。厚达227~2983 m。

(5)新生界

包括古近系、新近系和第四系。

古近系,分布于衡阳盆地中,亦属于陆相沉积。新近系缺失。

第四系,主要分布于研究区内的资江、沅江流域。属于陆相沉积。

2.2 构造

湘中地区为江南造山带形成以来经历构造事件的集结地(柏道远等,2010,2013)(图2-1),它为扬子板块与华夏板块的过渡带,构造位置十分特殊,从元古代到新生代经历多期次强烈的构造运动,最终形成了现在典型的构造形态(图2-2)。

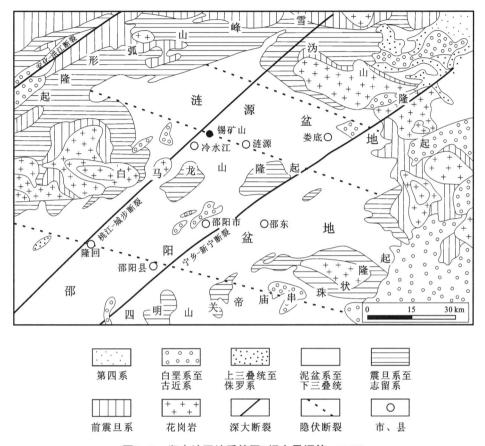

图 2-2　湘中地区地质简图（据金景福等，2001）

2.2.1　元古代

湘中地区可能是一个发育始于中元古代末、结束于新元古代时期的造山带，且对扬子板块和华夏板块的拼接具有十分重要的意义（Li et al.，2002，2007；王孝磊等，2017；张继彪，2020）。在该造山带的形成过程中，有一个全球性的超级大陆（Rodinia）正在发育之中（王孝磊等，2017）。全球 Rodinia 大陆聚合和裂解中，决定了湘中地区在内的华南大陆在元古代时期洋陆格局与陆内构造演化进程（张国伟等，2013；胡瑞忠等，2020）。

湘中地区存在元古代的结晶基底，且分布较广泛（张国伟等，2013）。彭建堂等（2014）、张东亮等（2016）分别对锡矿山地区煌斑岩和碎屑岩中锆石进行 U-Pb

同位素定年,发现这些锆石的 U-Pb 年龄大部分为元古代。饶家荣等(2012)根据深部地质地球物理资料得出雪峰山一带有相对稳定的元古代基底也印证了这一说法。

2.2.2 古生代

元古代造山结束后,在该区产生了一个造山后的伸展,发育了一个夭折的裂谷,其后形成了边缘海相沉积,且在早古生代时期形成褶皱造山(Li et al.,1999;Wang et al.,2012;王孝磊等,2017)。前人的研究显示,湘中地区早古生代陆内造山始于 460 Ma,而在 440 Ma 之后转为造山后伸展引起的混合岩化和岩浆作用(Faure et al.,2010;Charvet et al.,2010;褚杨等,2015)。

晚古生代,该区由于同时受到南北两侧板块同期发生的碰撞造山作用,并在其东西两侧西太平洋俯冲与青藏高原作用尚未发生之前,其内部自印支中、晚期已开始穿时持续间断地形成 NE-NNE 向的构造系统(张国伟等,2013)。

2.2.3 中生代

众所周知,中生代是湘中地区构造变形最为强烈的时期,该区位于板块内部,受到强烈的构造变形,出现了区域性的变质作用以及大规模岩浆岩的侵入,这均显示湘中地区经历了强烈的大陆再造过程(张岳桥等,2009;褚杨等,2015)。

雪峰古陆形成于早中生代,经历了强烈的挤压变形,形成了大规模 NW 向逆冲推覆带,构造变形停止后发育了大规模的造山后岩浆活动(褚杨等,2015)。而湘中盆地沉积了一套早古生代末期浅海至滨海相环境的沉积岩,推测这些地层均卷入了早中生代的构造变形之中,发育了强烈的褶皱和逆冲推覆构造(湖南省地矿局,1988;Wang et al.,2005;Chu et al.,2012a;褚杨等,2015)。

早、中三叠世,湘中地区进入构造活跃期,处于四面围限、各向挤压的应力场之下(褚杨等,2015)。早三叠纪之前的岩石全部卷入了构造变形,晚三叠世—早侏罗世的陆相沉积不整合地覆盖在老地层之上,并发育了大量的造山后岩浆岩(陈卫锋等,2006;Chen et al.,2007;Li and Li,2007;褚杨等,2015)。该区早期褶皱轴向为 NWW—SEE 向,呈带状分布,褶皱较宽缓,由海相地层组成的复向斜和元古代基底卷入的复背斜组成,这与印支早期华南地块南北缘碰撞造山事件相一致(张岳桥等,2009)。

侏罗纪至白垩纪,湘中地区的构造以伸展走滑作用为主,表现为 NE—SW 向的走滑作用,形成伸展穹窿、同构造岩浆岩及盆地(Lin et al.,2000;Zhou and Li,2000;Shu et al.,2009)。该区晚期 NNE 向褶皱发育,横跨叠加早期的 NWW-SEE 向褶皱,呈面状分布,褶皱相对较紧闭,形成典型的盆地-穹隆状构造型式,应为侏罗纪古太平洋板块向华南大陆之下低角度俯冲作用的产物(张岳桥等,2009)。我们通过对锡矿山煌斑岩的地球化学研究也证实,该煌斑岩的形成与古太平洋板块在晚侏罗纪—白垩纪西向俯冲有关(胡阿香和彭建堂,2016)。

2.2.4 新生代

湘中地区经历喜山期复杂、强烈的陆内构造与板块构造等不同性质构造叠加改造,使之呈现出独特的大陆构造复合再造构造(张国伟等,2013)。

2.3 岩浆岩

湘中地区岩浆活动较强烈(图 2-2),且多为侵入岩,喷出岩少见;主要为中酸性岩,超基性岩、基性岩不太发育(湖南省地质矿产局,1988)。这些岩体的形成年龄主要集中于印支期,加里东期较少,燕山期更少。

(1)加里东期岩浆活动

湘中地区加里东期岩浆活动微弱,主要为白马山岩体的水车超单元花岗岩。

白马山岩体中水车超单元为黑云母花岗闪长岩和黑云母二长花岗岩,锆石 U-Pb 年龄为(404.9±1.4)Ma(徐接标,2017),为加里东期岩体。另外,在邵阳盆地南缘的越城岭岩体和猫儿山岩体的年龄分别为 417~435 Ma 和 400~415 Ma(Zhao et al.,2013),也属于加里东期岩体。

(2)印支期岩浆活动

湘中地区印支期岩浆活动强烈,主要为花岗质岩浆岩,包括大神山岩体、桃江岩体、歇马岩体、紫云山岩体、关帝庙岩体、沩山岩体和白马山岩体的大部分等。

大神山岩体主要为黑云母二长花岗岩和黑云母花岗岩,其锆石 U-Pb 年龄为(224.3±1.0)Ma(张龙升等,2012),为印支晚期形成。紫云山岩体主要由似斑状石英二长岩和二云母花岗岩组成,其锆石 U-Pb 年龄分别为(225.2±1.7)Ma 和(227.0±2.2)Ma(鲁玉龙等,2017),为印支晚期的产物。关帝庙岩体主要为黑云母二长花岗岩,其锆石 U-Pb 年龄为(223.4±1.9)Ma(赵增霞等,2015),也为印支晚期的产物。沩山岩体可分为唐市超单元和巷子口超单元,其中唐市超单元主要为黑云母二长花岗岩和黑云母闪长花岗岩,其锆石 U-Pb 年龄为 211~215 Ma (丁兴等,2005),为印支晚期的产物。白马山岩体的龙潭超单元和小沙江超单元,主要为黑云母二长花岗岩和黑云母花岗闪长岩组成,龙潭超单元的锆石 U-Pb 年龄为 197~224 Ma(陈卫锋等,2007;张义平等,2015),为印支晚期岩浆活动而形成。白马山岩体的龙藏湾单元,过去一直被视为燕山期形成的(湖南地矿局,1988;湖南省地矿局区调所,1995),但最近的研究证实,是印支期岩浆活动的产物(Fu et al.,2015;徐接标,2017;王川等,2021)。另外还有桃江、歇马岩体,为黑云母花岗岩,其锆石 U-Pb 年龄为 220Ma(王凯兴等,2011),为印支晚期岩浆活动的产物。

(3)燕山期岩浆活动

湘中地区燕山期岩浆活动较弱,主要有沩山岩体和一些基性脉岩。

沩山岩体巷子口超单元主要为二云母二长花岗岩,其锆石 U-Pb 年龄为 184~187 Ma(丁兴等,2005),为燕山早期形成。另外,在锡矿山矿区出露有一条煌斑岩脉,其黑云母 K-Ar 年龄为 127.8 Ma(吴良士和胡雄伟,2000),为燕山晚期岩浆活动的产物。

(4)喜山期岩浆活动

湘中地区喜山期岩浆活动十分微弱,仅见于宁乡菁华铺的拉斑玄武岩。

2.4 矿产

2.4.1 锑矿

据不完全统计,湘中地区的锑矿床(点)多达 172 处(史明魁等,1993)。从数量上看,90%的矿床(点)集中在雪峰山弧形构造成矿带、龙山—大乘山—白马山 EW 向成矿带以及越城岭—四明山 NE 向成矿带上(图 2-3)。但从储量来看,湘中锑矿的资源主要集中在湘中盆地内部的锡矿山矿区。该区主要锑矿床包括锡矿山 Sb 矿、沃溪 Au-Sb-W 矿、板溪 Sb 矿、渣滓溪 Sb-W 矿、西冲 Au-Sb 矿、龙山 Au-Sb 矿、符竹溪 Au-Sb 矿等。其中,沃溪、渣滓溪和板溪锑矿达到了大型规模，锡矿山锑矿达到了超大型规模。

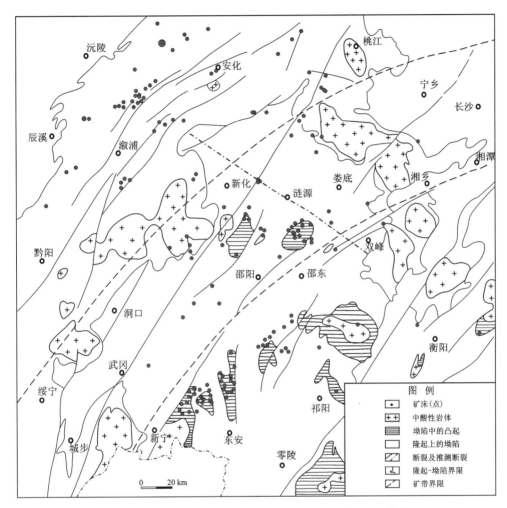

图 2-3　湘中地区锑矿床(点)分布图(据史明魁等，1993 简化)

　　按照矿体形态和产状，人们将湘中锑矿床分为似层状型和脉
状充填型两大类(湖南地矿局 418 队，1987)。按赋矿围岩性质和
矿体形态特征，史明魁等(1993)将该区锑矿分为碳酸盐岩中似层
状矿床、脉状矿床、碎屑岩中似层状矿床、脉状矿床、花岗岩体中锑矿床等五类。
按成矿元素组合，该区锑矿床主要包括单 Sb、Au-Sb、Sb-W 和 Au-Sb-W 等四种
类型(彭建堂，2000)。雪峰隆起区锑矿床以 Au-Sb、Au-Sb-W、Sb-W 和单 Sb 组

合为特征,湘中盆地以单 Sb 型为特征,龙山—大乘山—白马山一带则常以 Au-Sb 为特征,越城岭—四明山矿带大部分矿床(点)属单 Sb 型。

2.4.2 其他矿产

除锑矿以外,湘中地区还有金、铅锌、黄铁矿、锰、重晶石、石膏等矿产。金矿主要分布在隆起区的前泥盆系中,与锑矿关系密切,除了形成 Au-Sb、Au-Sb-W 组合之共生或伴生矿床外,单金属金矿床中 Sb 含量也较高,并且,矿床中锑-金含量呈正相关关系。另外,该区还存在少量微细浸染型金矿,如赋存于泥盆系粉砂岩中的高家坳金矿和掉水洞金矿。

铅锌矿产地多达 77 处,可分为地层源和岩体源两类(史明魁等,1993):前者产于泥盆系、寒武系碳酸盐岩中;后者与燕山期侵入岩体有关。

隆起区的黄铁矿床多产于震旦系陡山沱组中,盆地内黄铁矿床多产于泥盆系棋梓桥组及石炭系、二叠系中。

石膏矿床主要产于涟源、邵阳盆地内部及边缘的石炭系中。

重晶石矿床主要赋存于中泥盆统跳马涧组、上寒武统和板溪群五强溪组等层位中。

第 3 章　矿床地质特征

　　素有"世界锑都"之称的锡矿山矿区位于湖南省中部(简称湘中),属冷水江市所管辖,矿区北起段家坪,南至光大湾,东起玄山沟,西至谭家冲,地理坐标为东经 111°28′00″~111°29′15″,北纬 27°44′15″~27°45′00″。矿区南北长约 8 km,东西宽约 2 km,总面积约 16 km²。全区山脉整体走向为 NE 方向,海拔较高,在 300 m 至 800 m 之间。矿区位于资涟二水之间,与新化、涟源呈鼎立之势,矿区距市中心仅 13 km,且矿区与市中心有公路相通,市区内有湘黔铁路和 321 国道贯通,交通比较便利(图 3-1)。

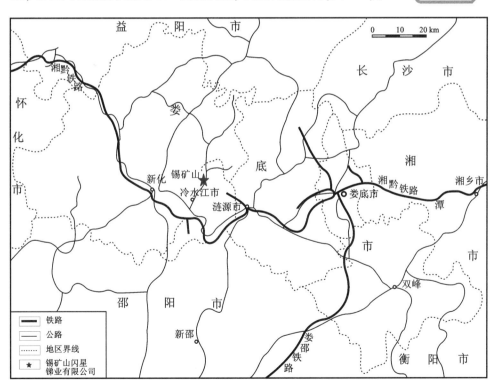

图 3-1　锡矿山矿区交通位置示意图

3.1 矿区地质

锡矿山矿区主要由北矿(老矿山、童家院)和南矿(物华、飞水岩)组成(图3-2)。矿区出露的地层主要为晚古生代碳酸盐岩,其间夹有少量粉砂岩和泥质岩等。构造上,整个锡矿山矿区分布于一个复式背斜中,这个复式背斜由老矿山、童家院、飞水岩、物华等4个雁行排列的次级背斜组成,且它们分别控制了对应4个矿床的产出;复式背斜的两翼均被切割,其NW翼被区域性断层 F_{75} 切割,而SE翼则被逆断层 F_1 切割(图3-2)。

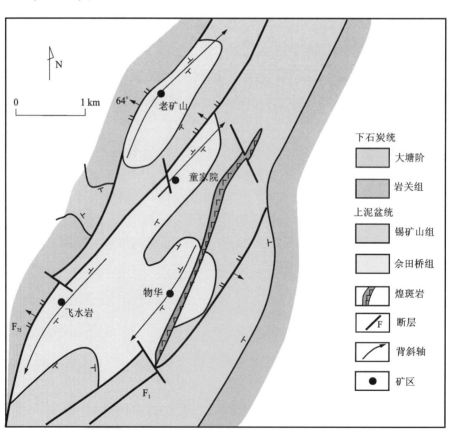

图3-2 锡矿山矿区地质图(据 Peng et al., 2003)

3.1.1　地层

矿区出露地层比较齐全,地层主要为下石炭统和中、上泥盆统,岩性主要以碳酸盐岩为主,夹少量粉砂岩及泥质岩,化石比较丰富,地层由老至新如下。

(1)中泥盆统

在矿区地表未见中泥盆统出露,仅在矿区深部发育有该套地层。由棋梓桥组(D_2q)组成。

棋梓桥组(D_2q)是目前矿区揭露的最老地层,但仅在南矿飞水岩深部中段及深部钻孔中可见。该地层上部为灰红、深灰色厚层块状灰岩,含层孔虫及珊瑚化石。在飞水岩矿区,靠近断裂 F_{75} 的棋梓桥组灰岩中往往可见锑矿化。

(2)上泥盆统

为矿区出露主要地层,分布于锡矿山矿区断褶隆起中心部位。上泥盆统主要由佘田桥组(D_3s)和锡矿山组(D_3x)组成。

佘田桥组,按其岩性可分为下段(D_3s^1)砂岩段、中段(D_3s^2)灰岩段和上段(D_3s^3)页岩段。灰岩段只有中、上部岩层出露于地表,几乎全已蚀变,下部的砂岩段仅在坑道、钻孔中见到。

龙口冲(砂岩)段(D_3s^1):该段在地表未出露,以厚层状白云母砂岩、粉砂岩为主,顶部夹砂质页岩,底部夹砂质灰岩或粉砂质灰岩,矿化较弱,厚约 45 m。

七里江灰岩段(D_3s^2):为矿田主要含矿层位,其厚度大于 300 m。采矿时将其分为 27 小层,其奇数层为灰岩或砂岩,偶数层多为页岩。前者有利于硅化和成矿,为主要的赋矿岩层;后者渗透率低,难以发生硅化和矿化,主要起遮挡作用。该段部分地段可见珊瑚化石(图 3-3)。

泥灰岩段(页岩段)(D_3s^3):以泥晶灰岩为主,夹钙质页岩或两者呈互层产出,顶部和近底部含生物碎屑泥晶灰岩,本层厚度变化大,平均为 54 m。与上覆地层划分的标志层为含铁生物碎屑灰岩,含有较多的珊瑚化石(图 3-4)。

锡矿山组地层完整、化石品种较多,是全国地层分类的标准。可分为上、下两部分,下部主要为海相碳酸盐岩,其间夹有一层较薄的鲕状赤铁矿层,含腕足类化石;上部主要为碎屑岩,含植物化石、腕足类化石等。按其岩性,该套地层可分为陶塘段(D_3x^1)、兔子塘段(D_3x^2)、泥塘里段(D_3x^3)、马牯脑段(D_3x^4)和欧家冲段(D_3x^5)。该组总厚度为 400~530 m。

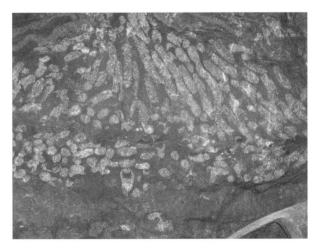

图 3-3　锡矿山矿区 D_3s^2 灰岩中的珊瑚化石

图 3-4　锡矿山矿区 D_3s^3 泥灰岩中的珊瑚化石

　　陶塘段（D_3x^1）：以钙质页岩为主，夹泥晶灰岩，岩石为灰色，风化后为灰白色。厚度变化大，为 36~102 m，平均为 60 m。

　　兔子塘段（D_3x^2）：中厚层-厚层泥晶灰岩夹页岩，近底部含铁质和生物碎屑。岩石呈深灰色。该段厚 25~40 m。

　　泥塘里段（D_3x^3）：由薄层钙质页岩、砂岩、泥晶灰岩等互为夹层，中部夹一层较窄的鲕状赤铁矿层，矿层顶底板夹绿泥岩。该段厚度较小，岩性比较稳定，且与上、下层的灰岩差别明显,容易识别,为该区的主要标志层。岩石大多呈灰至黄绿色,铁矿层为猪肝色(图 3-5)。厚 15~20 m。

图 3-5　锡矿山矿区 D_3x^3 地层中的赤铁矿手标本照片

马牯脑段(D_3x^4):是该区出露最广泛的地层,分上、下两段。上段为中厚层状泥晶灰岩、薄至中厚层状砂质泥晶灰岩、砂质页岩、钙质粉砂岩等互为夹层或呈互层状。下段为厚至中厚层状泥晶灰岩夹砂质泥晶灰岩,靠近下部泥质增多,为泥质灰岩;底部为一层 1~2 m 的含铁砂质灰岩。岩石呈灰至深灰色,可见交错层理(图 3-6),化石主要为腕足类,厚度为 190~280 m。

图 3-6　锡矿山矿区 D_3x^4 地层中的泥灰岩

欧家冲段(D_3x^5)：以陆源滨海相沉积为主，岩性以石英粉砂岩、云母粉砂岩为主夹页岩，底部为页岩、泥灰岩。岩石呈灰或灰黑色，风化后为灰白或黄褐色。该段含有植物化石和少量的腕足类化石。厚度约为126 m。

（3）下石炭统

分为岩关阶（C_1y）和大塘阶（C_1d）。

岩关阶（C_1y）：分为邵东段、孟公坳段、刘家塘段等三段，其中刘家塘段（C_1y^3）沿 F_{75} 断裂分布于矿区的西部，处于石磴子段（C_1d^1）和 F_{75} 断裂之间，而孟公坳段（C_1y^2）和邵东段（C_1y^1）在矿区出露面积较大。

邵东段（C_1y^1）：上部以薄至中厚层状钙质页岩为主，夹石英粉砂岩或云母粉砂岩，局部夹砂质泥晶灰岩，往下粉砂岩逐渐增多。下部以中厚层状钙质粉砂岩、石英粉砂岩为主，夹页岩、砂质泥晶灰岩，靠近底部石英砂岩增多，风化后常呈陡峭地形。该段主要有腕足类、珊瑚类化石。厚度约232 m。

孟公坳段（C_1y^2）：上部为中厚至厚层状粉晶及微晶灰岩，含砂屑、生物碎屑及白云石；中部为微晶灰岩，并夹薄层状砂质页岩及石英粉砂岩；下部为厚至薄层状微晶灰岩夹页岩，底部见含铁白云石的微晶灰岩。岩石呈灰至深灰色。厚度约74 m。

刘家塘段（C_1y^3）：分上、中、下三个岩性段。上段厚约338 m，中上部以薄至中厚层状泥晶灰岩为主，夹钙质页岩，底部铁质粉砂岩与砂质页岩互为夹层。中段厚48.8 m，上部为微晶灰岩，含燧石团块或条带，下部为石英粉砂岩与黑色页岩互为夹层。下段厚99.6m，由薄层至中厚层状微晶灰岩，生物碎屑泥晶灰岩夹页岩或呈互层，局部含燧石条带。岩石呈灰、深灰至黑色。该段总厚度为460～529 m。

大塘阶（C_1d）：分布于矿区两侧和外围，可分为石磴子段、测水段、梓门桥段。石磴子段（C_1d^1）大面积分布于 F_{75} 断裂以西，测水段（C_1d^2）分布面积较小，仅在矿区的北部和西南部出露，而梓门桥段（C_1d^3）未见出露。

石磴子段（C_1d^1）：主要为灰岩、页岩、粉砂岩，有时出现互层现象，底部见同生角砾微晶灰岩。岩石多呈灰至深灰色。厚度为120～190 m。

测水段（C_1d^2）：上段以灰白色、中厚层状砂质泥岩、石英砂岩、粉砂岩为主，夹少量泥质灰岩；顶部见紫红色、灰绿色泥岩，作为与上覆地层分界线的划分标志，底部含一层煤。下段为中厚层夹薄层状砂质泥岩和细砂岩，呈灰黑色，含

1~9 层煤。该段总厚度为 70~110 m。

梓门桥段(C_1d^3)：上部为薄至中厚层状灰岩，泥质灰岩夹少量白云质灰岩，含燧石条带或团块；中部以泥质灰岩与泥灰岩为主，间夹灰岩，含石膏层；下部以泥灰岩为主，夹泥质灰岩及钙质页岩。该段中化石主要为珊瑚化石。厚度约 136 m。

3.1.2　构造

锡矿山矿区整体上为一复式背斜，其西侧以 F_{75} 断层为界，东部以煌斑岩为界。该区断裂以 NE 向为主，有少量 NW 向小断层。

（1）褶皱

从地质平面图上看，整个锡矿山矿区为一轴向 NE30° 的箱状短轴复式背斜，NE 端倾伏于段家排以北，SW 端倾伏于飞水岩以南，长 5000~6000 m，宽 800~1000 m（蒋永年，1963）。该复式背斜的 NW 翼被 NNE 向大断裂 F_{75} 切割而遭破坏，SE 翼倾角约为 20° 左右，展现平缓开阔的特征。由于受后期 SN 向应力的剪切作用，其 SE 翼被转换成几个次级的右行斜列、两端倾伏的短轴背斜和向斜（刘光模和简厚明，1983）。矿区的老矿山、童家院、飞水岩和物华四个次级背斜，为锡矿山矿区锑矿的集中产出部位（图 3-2、图 3-7）。

另外，在地表、井下坑道和采场，多处可见一组轴向呈 NW300°~310° 的横跨短轴褶皱（胡雄伟，1995）。这些 NW 向短轴褶皱横跨在复式背斜之上，其两翼对称，一般倾角较小。吉让寿（1986）的研究表明，这种褶皱的枢纽呈波形有规律地弯曲摆动，推断为后期水平挤压作用对前期形成的构造改造的结果。这种横跨褶皱的规模通常较小，长从仅数十米至百余米不等，主要出现在地表及地下浅部，延伸小，但往往控制了该区富矿体的产出。

（2）断层

锡矿山矿区总的构造轮廓是一个受东西两侧边界断层制约，其中为两侧下降、中间抬升的断块。矿区的西部边界为 F_{75} 断层，东部边界为煌斑岩脉。

锡矿山矿区断裂构造十分发育，主要有 NE、NEE、NNE 和 NNW 等数组，它们对矿体的形成和破坏均起着重要的控制作用（戴塔根和陈国达，1999）。

呈 NE 向的 F_{75} 是矿区内最重要的断裂，南起株木山，经飞水岩、老矿山至白云岩以北，长约 16 km（图 3-7）。该断裂是桃江—城步深大断裂的重要组成部分，断裂带走向 NE15°~30°，倾向 NW，倾角上陡下缓（28°~75°），一般为 40°~60°，

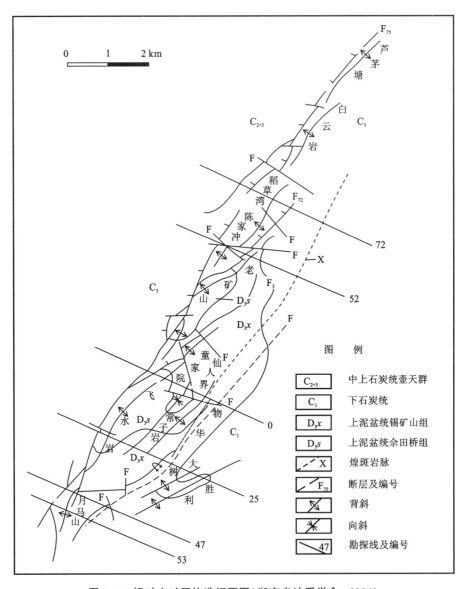

图3-7 锡矿山矿区构造纲要图(湖南省地质学会,2004)

呈舒缓波状,主断裂面屡见滑动镜面、擦痕和小型拖褶皱,均指示上盘向下滑落(吉让寿,1986),且上盘的下石炭统岩关阶地层与下盘的上泥盆统佘田桥组地层直接接触,呈正断层性质。断裂带规模较大,最宽处可达60 m,最大地层断距可达800 m。

NE向次级断裂主要有 F_3、F_{71}、F_{72} 及 F_{73}。F_3 规模仅次于 F_{75},长约4 km,切

割了童家院背斜西翼;其走向为 NE40°~50°,倾向 NW,倾角 45°~85°,上陡下缓,断裂带宽 0.1~7.5 m,最大断距为 430 m,为一张剪性正-平移断层。F_{71}、F_{72} 及 F_{73},它们是以 F_{72} 为主的一组断裂带,F_{71}、F_{73} 为 F_{72} 的分支断裂,F_{72} 长约 2500 m,切割了老矿山背斜的西翼;其走向为 NE45°,倾向 NW,为张剪性断裂。

NNW 向断裂主要有 F_{63}、F_{64} 及 F_{104} 等,分布于七里江、童家院一带,F_{63}、F_{64} 地表长约 1500 m,规模不大,其水平断距 150 m 左右,切割了 F_3 断层,为以左行剪切为主的张剪性断裂。

另外,NEE 向断裂在矿区范围内规模不大,多见于南矿井下,属于剪性(兼压剪性)断裂。EW 向断裂一般规模也不大,主要有 F_{53}、F_{108}、F_{111} 及 F_{144} 等,F_{111} 俗称飞水岩断层,垂直断距 25 m,属张剪性断裂,该断裂切割 NNE、NE 及 NEE 向断裂。

(3)雁行节理

该区广泛发育方解石的雁行脉,为张裂隙脉,这些雁行脉主要分布于下石炭统和上泥盆统灰岩中,尤其是仙人界向斜和常子崖向斜的上泥盆统马牯脑段灰岩中(图 3-8)。吉让寿(1986)认为,该区的雁行脉与区域应力场中的主应力没有直接的关系,是先前的剪切带再次受剪切作用派生出来的构造型式。

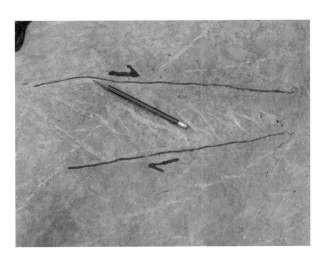

图 3-8 锡矿山矿区雁行方解石脉

3.1.3 岩浆岩

锡矿山矿区岩浆活动十分微弱,仅在矿区东部出露有一条煌斑岩脉

(图3-2)。煌斑岩侵位于上泥盆统佘田桥组和锡矿山组，与围岩的侵入接触关系明显。煌斑岩沿 NE10°~25°方向延伸 10 km 以上，倾向 SE，近于直立，沿脉宽度变化较大，从 0.2~10 m 不等，一般宽 2~4 m，且煌斑岩露头在灰岩中较宽，在页岩中较窄(吴良士和胡雄伟，2000)。

对锡矿山老江冲公路旁[图3-9(a)]、老江冲冲沟以及独立小屋附近[图3-9(b)]出露的煌斑岩进行考察后发现，老江冲公路旁的煌斑岩风化较明显，煌斑岩呈土黄色、黄褐色，部分风化为土状；该处煌斑岩侵位于上泥盆统锡矿山组兔子塘(D_3x^2)灰岩段与长龙界(D_3x^1)页岩段中，煌斑岩的上侵导致上覆灰岩发生明显的构造变形[图3-9(a)]，与煌斑岩直接接触的页岩由于受到煌斑岩侵入的挤压、牵引作用，劈理化现象相当明显。独立小屋附近的煌斑岩，切穿上泥盆统锡矿山组兔子塘(D_3x^2)灰岩而出露于地表[图3-9(b)]，也遭受了风化剥蚀作用，呈黄褐色，致密块状，煌斑结构不明显，但其民采老窿中煌斑岩较新鲜，煌斑结构非常明显。

图3-9 锡矿山煌斑岩的野外露头

(a)老江冲公路旁的煌斑岩；(b)独立小屋附近出露的煌斑岩

尽管矿区出露的煌斑岩由于风化作用往往呈土黄色、黄褐色，但新鲜的煌斑岩呈灰黑色，煌斑结构明显[图3-10(a)、(b)]；斑晶主要为黑云母、斜长石，次要矿物为石英。煌斑岩手标本中可见浅色的长英质捕虏体，部分手标本还可见浅色的热液脉体。

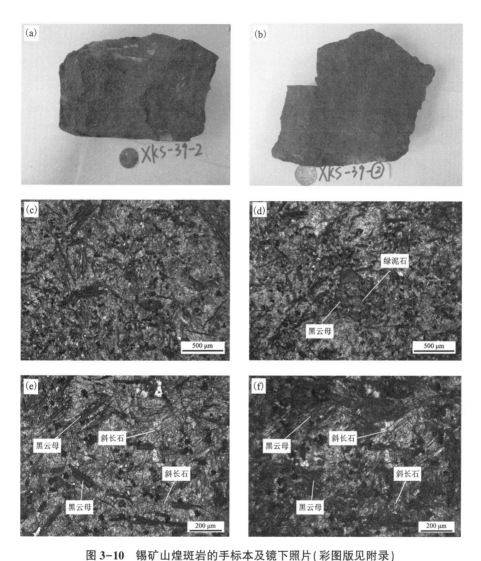

图 3-10　锡矿山煌斑岩的手标本及镜下照片(彩图版见附录)

(a)、(b)新鲜的煌斑岩手标本；(c)~(f)煌斑岩镜下照片[(c)~(e)为单偏光，(f)为正交偏光]

　　该煌斑岩具典型的煌斑结构[图 3-10(c)~(f)]，斑晶主要为黑云母、斜长石、少量辉石及钾长石，其中长石大多已发生蚀变，黑云母相对较新鲜，但也可见少量黑云母内部存在绿泥石化[图 3-10(d)]；基质主要为黑云母、斜长石、辉石、钾长石等；副矿物主要有磁铁矿、钛铁矿、磷灰石、锆石等。根据锡矿山煌斑岩的手标本特征及镜下鉴定结果，可将该煌斑岩定名为云斜煌斑岩(湖南省地质研究所，1983①；吴良士和胡雄伟，2000；谢桂青等，2001；胡阿香和彭建堂，2016）。

笔者研究表明，该区煌斑岩为典型的钙碱性煌斑岩，其岩石地球化学表现出富 TiO_2、贫 Al_2O_3 和 MgO，富集 LILE 和 LREE，亏损 HFSE，高 $(^{87}Sr/^{86}Sr)_i$、低 $\varepsilon_{Nd}(t)$ 值的特征，与 EM2 型富集地幔相似。在锡矿山煌斑岩形成过程中，地壳混染作用十分有限。岩浆上升至地表的过程中经历了橄榄石+斜长石的结晶分异作用。锡矿山煌斑岩形成过程可概括为：在石榴石稳定场条件下含金云母相的二辉橄榄岩地幔发生部分熔融，形成初始源区，洋壳沉积物通过俯冲作用形成的流体交代初始源区，岩浆快速上升至地表形成煌斑岩（胡阿香和彭建堂等，2016）。

3.2　矿体特征

锡矿山矿区的锑矿体呈层状、似层状和不规则状产出，大部分赋存于上泥盆统佘田桥组（D_3s^2）中，少量产于中泥盆统棋梓桥组（D_2q）中。佘田桥组中段厚 220 m，为该区最重要的含矿地层，主要由灰岩、砂岩和页岩组成。由于页岩夹层的反复出现，矿体也具有多层分布特征，为了便于生产勘探，矿山工作者将佘田桥中段又分为 27 小层（表 3-1），其中偶数层为页岩层，奇数层为赋矿层。前人根据锑矿产出层位的差异，将该区的锑矿体分为 I、II、III 和 IV 号矿体（图 3-11）。

表 3-1　锡矿山矿区含矿岩系特征及划分表

组	段	分层号	厚度/m	岩性及矿化特征
佘田桥组	上段	D_3s^3	10.00	以钙质页岩为主，夹少量薄层泥灰岩
	中段	D_3s^{2-1}	1.68	灰黑色泥晶灰岩，强烈硅化，辉锑矿多沿层间节理、裂隙充填、为 I 号矿体的主矿层
		D_3s^{2-2}	2.29	灰色、浅灰色薄层状生物碎屑泥晶灰岩及鲕粒灰岩与钙质页岩互层
		D_3s^{2-3}	5.54	灰色中-厚层状泥晶灰岩与纹层状灰岩不等厚互层，见硅化及弱矿化

① 湖南省地质研究所. 1983. 湖南省锡矿山锑矿田地质特征及成矿规律(内部科研报告).

续表3-1

组	段	分层号	厚度/m	岩性及矿化特征
佘田桥组	中段	D_3s^{2-4}	0.65	灰色石英粉砂质页岩，夹生物碎屑灰岩条带或透镜体
		D_3s^{2-5}	1.30	深灰色中层状生物碎屑灰岩，上部见硅化及矿化
		D_3s^{2-6}	0.52	灰黑色(含)石英粉砂质页岩
		D_3s^{2-7}	27.27	由灰色薄-厚层状泥晶灰岩与钙质不等粒石英砂岩或含砾屑灰岩不等厚互层组成，为Ⅱ号矿体的主矿层
		D_3s^{2-8}	14.70	灰色纹层状白云质灰岩，顶部为(含)竹节石灰岩
		D_3s^{2-9}	4.05	灰色、浅灰色微层-薄层状泥晶含陆屑灰岩，顶面见疙瘩状、瘤状生物碎屑灰岩
		D_3s^{2-10}	2.55	上部为深灰色钙质石英粉砂岩；中部为条带状灰岩；下部为灰黑色页岩
		D_3s^{2-11}	7.91	深灰色厚层状泥晶生物碎屑灰岩，中部为瘤状泥晶生物碎屑灰岩
		D_3s^{2-12}	0.60	深灰色含石英粉砂质页岩
		D_3s^{2-13}	1.20	灰-深灰色厚层状泥晶灰岩
		D_3s^{2-14}	4.70	上部为深灰色厚层石英粉砂岩；下部为灰色含石英粉砂质页岩
		D_3s^{2-15}	40.34	灰色、深灰色厚层、块状含生物碎屑泥晶灰岩及层孔虫灰岩，为Ⅲ号矿体的主矿层
		D_3s^{2-16}	2.70	上部为深灰色薄层状、条带状含云母泥质粉砂岩与云质石英粉砂岩互层；下部为深灰色水云母页岩夹含生物碎屑泥晶灰岩透镜体
		D_3s^{2-17}	23.75	深灰色厚层状含生物碎屑泥晶灰岩，见硅化及弱硅化
		D_3s^{2-18}	12.25	顶部为灰黑色含炭质泥灰岩；中部为泥晶灰岩夹页岩，见硅化及弱矿化。底部为含钙质粉砂质页岩
		D_3s^{2-19}	14.78	深灰色厚层含生物碎屑亮晶灰岩，顶部见硅化
		D_3s^{2-20}	6.19	灰黑色薄层状含生物碎屑泥晶灰岩夹含炭质粉砂质页岩，下部为砾屑灰岩
		D_3s^{2-21}	1.25	深灰色中-厚层状泥晶层孔虫灰岩
		D_3s^{2-22}	9.53	中上部为深灰色含粉砂质白云质泥灰岩；下部为层孔虫灰岩；底部为钙质石英粉砂岩
		D_3s^{2-23}	2.75	深灰色厚层块状层孔虫细晶灰岩，白云岩化
		D_3s^{2-24}	3.85	灰色薄-中层状含钙质石英粉砂岩，底部为深灰色含炭质泥岩
		D_3s^{2-25}	13.07	上部为深灰色含粉砂质、生物碎屑灰岩；中下部为生物碎屑泥晶灰岩夹炭质页岩；底部为含炭泥质灰岩

续表3-1

组	段	分层号	厚度/m	岩性及矿化特征
佘田桥组	中段	D_3s^{2-26}	2.66	深灰色中—厚层状含钙、炭、泥质石英(细)粉砂岩，中部夹生物碎屑灰岩
		D_3s^{2-27}	2.80	灰黑色厚层块状层孔虫细晶灰岩，强烈硅化
	下段	D_3s^1	27.55	深灰色薄层状含炭、泥质石英粉砂岩

注：据胡雄伟(1995)修改

Ⅰ号矿体，分布于 D_3s^{2-1} 到 D_3s^{2-6} 岩性段中，该矿体直接产于距离长龙界页岩总屏蔽层 0~15 m 范围内，矿体形态受褶皱控制。该矿体主要呈层状，矿体规模大，最长可达 1.4 km，最宽可达 1.2 km，矿体厚度稳定，一般为 2~4 m[图 3-11(a)]；该矿体品位富，一般为 3.5%~4.5%。

Ⅱ号矿体，分布于 D_3s^{2-7} 到 D_3s^{2-10} 岩性段中，其中 D_3s^{2-7} 层位矿化最好，矿体规模大、品位高。矿体主要呈似层状产出，最长可达 1.6 km，最宽可达 1.2 km[图 3-11(b)]；矿体以厚度大、品位富为特征，厚度稳定，一般 4~6 m，品位一般可达 3.5%~4.5%。

Ⅲ号矿体，分布于 D_3s^{2-11} 到 D_3s^{2-27} 岩性段中，矿体主要呈不规则状、侧羽状产出[图 3-11(c)]，其中 D_3s^{2-15}、D_3s^{2-17}、D_3s^{2-19} 层位矿化较好。该矿体以规模小、但厚度变化较大为特征，矿石品位和规模均不如Ⅰ、Ⅱ号矿体。矿体长一般为 30~200 m，宽 40~70 m，最宽处可达 600 m，矿体厚度通常为 2 m 左右。

Ⅳ号矿体，分布于 D_3s^3-D_3q 中，受 F_{75} 的控制，主要呈侧羽状产出[图 3-11(b)、(c)]。该矿体的规模较小、品位较差。矿体走向长一般为 10~25 m，最长可达 260 m，宽为 12~70 m，最宽可达 360 m，厚度一般为 0.1~4 m 左右。

从剖面上看，矿体呈层状、似层状产出，具有顺层产出的特征(图 3-11)，但在佘田桥组的各个灰岩层位中，辉锑矿并非顺着灰岩层理方向呈层状生长的，而是沿着硅化灰岩中各个方向的裂隙充填，形成网脉状[图 3-12(a)~(d)]、囊状[图 3-12(e)]、不规则状[图 3-12(f)]等。即使在某些地段可见沿着灰岩层间裂隙充填的锑矿体，仔细观察，亦会发现层状脉体中的针状辉锑矿往往是垂直于层理方向生长，并常可见针状辉锑矿晶体切割灰岩层理的地质现象。

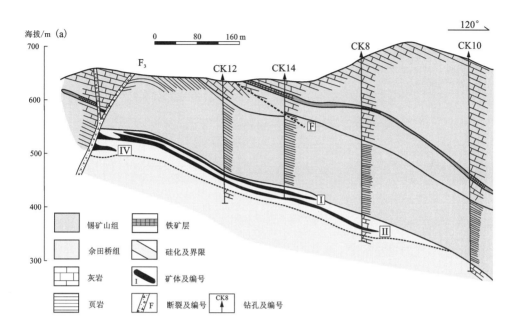

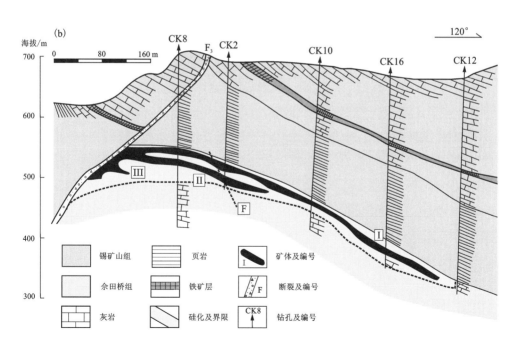

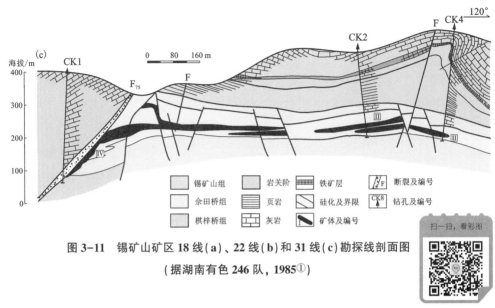

图 3-11　锡矿山矿区 18 线(a)、22 线(b)和 31 线(c)勘探线剖面图
(据湖南有色 246 队，1985①)

在矿区，锑矿体的空间分布具有相当明显的特征：目前锡矿山矿区已知的矿体均产于西部断裂 F₇₅ 以东，且从矿区南部往北部，矿体的规模由大变小，矿化深度也由深变浅，至矿区外白云岩矿化点，仅浅部发现有硅化和锑矿化。由西部断裂 F₇₅ 往东，矿体数量由多变少，矿石品位由富变贫，矿体厚度也越来越薄（图 3-11）。在垂向上，总体而言，浅部的矿体较厚，品位高，往深部矿化明显变差，如北矿的童家院矿床 3 中段以上，锑矿化较连续，矿石富，而在 5 中段以下，锑矿化明显变差；在南矿飞水岩矿床也是如此，靠近地表的浅部中段，锑矿化很好，而在 20 中段以下，矿化明显变差。

① 湖南有色 246 队. 1985. 湖南省冷水江市锡矿山锑矿田飞水岩补充勘探地质报告(内部科研报告).

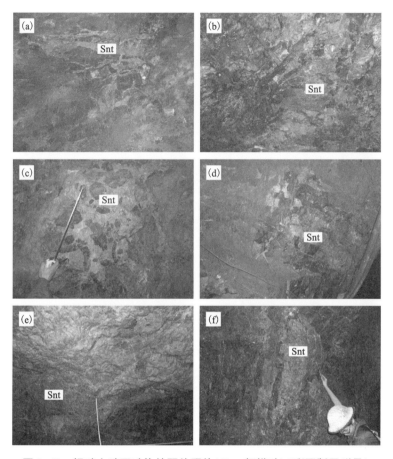

图 3-12　锡矿山矿区矿体的野外照片（Snt-辉锑矿）（彩图版见附录）

（a）顺硅化灰岩裂隙产出的Ⅰ号矿体；（b）硅化灰岩中的团块状Ⅱ号矿体；

（c）呈网脉状产出的Ⅲ号矿体；（d）顺硅化灰岩裂隙产出的Ⅳ号矿体；

（e）硅化灰岩中的囊状矿体；（f）硅化灰岩中的不规则矿体

3.3　矿石特征

3.3.1　矿石类型

锡矿山矿区的矿物组合比较简单，金属矿物主要为辉锑矿，另有少量黄铁矿，非金属矿物主要为石英和方解石，其次有少量的萤石与重晶石。矿石类型有

石英–辉锑矿型矿石[图3-13(a)、(b)]、石英–方解石–辉锑矿型矿石、方解石–

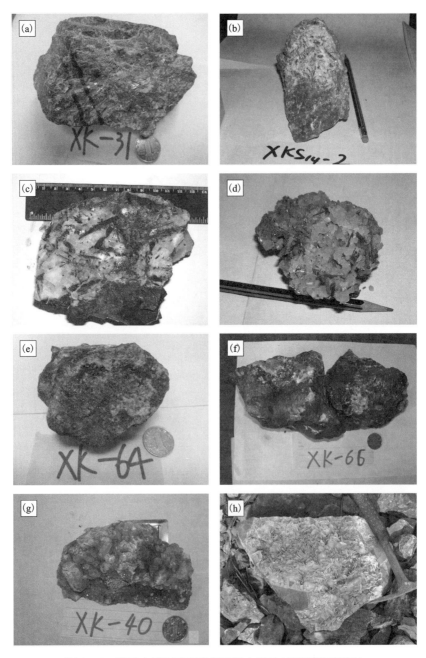

图3-13　锡矿山矿区矿石类型手标本照片(彩图版见附录)

(a)、(b)石英–辉锑矿型矿石；(c)、(d)方解石–辉锑矿型矿石；

(e)、(f)萤石–石英–辉锑矿型矿石；(g)、(h)重晶石–石英–辉锑矿型矿石

辉锑矿型矿石[图 3-13(c)、(d)],以及少量的萤石-石英-辉锑矿型矿石
[图 3-13(e)、(f)]和重晶石-石英-辉锑矿型矿石[图 3-13(g)、(h)]。石英-辉
锑矿型矿石为主成矿期的主要矿石类型,另有少量的石英-方解石-辉锑矿型矿
石、萤石-石英-辉锑矿型矿石和重晶石-石英-辉锑矿型矿石;方解石-辉锑矿型
矿石为成矿晚期的主要矿石类型。

在锡矿山矿区,矿石类型存在明显的空间分带现象。总体而言,石英-辉锑
矿型矿石主要分布于浅部中段,而方解石-辉锑矿型矿石主要分布于深部中段。
锡矿山四个矿床(童家院、老矿山、飞水岩和物华)的浅部均以石英-辉锑矿型矿
石为主,该类型分布范围最广,约占 80%。在南矿的飞水岩矿床,7 中段以上基
本上为石英-辉锑矿型,在 17~22 中段石英-辉锑矿型、石英-方解石-辉锑矿型
和方解石-辉锑矿型矿石同时存在,在 22 中段以下,矿石类型基本上为方解石-
辉锑矿型矿石。老矿山和童家院的深部中段,也可见少量方解石-石英-辉锑矿型
矿石。从物华一带民采的坑道来看,物华矿床与飞水岩矿床较为类似,深部主要
以方解石-石英-辉锑矿型矿石和方解石-辉锑矿型矿石为主。根据前人文献资
料,重晶石-石英-辉锑矿型矿石主要分布于物华矿床浅部及老矿山矿床,而飞水
岩矿床和童家院矿床仅有零星分布。而萤石-石英-辉锑矿型矿石仅在物华矿床
浅部有发现。

3.3.2　矿石结构和构造

整个锡矿山矿区,矿石的结构、构造比较简单,主要表现出与开放空间充填、
交代作用有关的组构特征。矿石构造有致密块状构造[图 3-14(a)]、放射状构造
[图 3-14(b)]、针状构造[图 3-14(c)]、针簇状构造[图 3-14(d)]、长条状构造
[图 3-14(e)]、浸染状构造[图 3-14(f)]以及角砾状构造、晶洞构造、细脉状构
造、网脉状构造等。在锡矿山矿区块状构造是最典型的构造,较为普遍。

矿石主要以自形、半自形[图 3-15(a)]、它形粒状结构[图 3-15(b)]和充填
结构[图 3-15(c)]为主,还有交代、溶蚀结构[图 3-15(d)]、镶嵌结构等。

图 3-14　锡矿山矿区的矿石构造(彩图版见附录)

(a)致密块状矿石;(b)放射状辉锑矿;(c)针状辉锑矿;(d)针簇辉锑矿;

(e)长条状辉锑矿;(f)浸染状辉锑矿

图 3-15 锡矿山矿区的矿石结构(彩图版见附录)

(a)自形、半自形辉锑矿与石英共生(-);(b)硅化灰岩中的它形辉锑矿(-);
(c)辉锑矿沿硅化灰岩裂隙充填(-);(d)黄铁矿被辉锑矿交代、溶蚀呈浑圆状(-)

3.4 围岩蚀变

锡矿山矿区围岩蚀变广泛发育,主要为硅化,其次为碳酸盐化,另有少量的黄铁矿化、重晶石化和萤石化,下面介绍与矿化关系密切的硅化和碳酸盐化。

3.4.1 硅化

硅化是锡矿山矿区最主要的蚀变类型,与成矿作用关系最为密切,该区所有的矿体均赋存于硅化岩中,没有硅化就没有矿化。该区的硅化岩以硅化灰岩为主,其次为硅化泥灰岩,在局部地段,也可见少量页岩发生硅化现象。值得注意的是,在本区的硅化灰岩中可见有零星分布的辉锑矿。

地表硅化灰岩通常呈棕黄色[图 3-16(a)、(b)],质地坚硬,节理发育,多构成正地形,表现为沿断裂分布的小山包、陡峭山脊或山峰,其平面形态有椭圆状、囊状长条/带状或不规则团块状。一些露头可见锑矿化,破裂面上常可见放射状辉锑矿假象[图3-16(b)]。

在井下,硅化灰岩呈灰黑色,致密块状,硬度大,性脆,表面粗糙、砂感明显,并常被破碎,经硅化形成角砾,后被硅质再胶结[图3-16(c)、(d)]。在坑道中,经常见到经多次硅化形成的硅化体。

图3-16　锡矿山矿区的硅化灰岩(彩图版见附录)

(a)、(b)地表露头;(c)、(d)井下露头

3.4.2　碳酸盐化

碳酸盐化也是该区发育比较广泛的围岩蚀变类型。碳酸盐化主要表现为方解石脉十分发育[图3-17(a)~(d)],在整个矿区均可见碳酸盐化,尤其是往矿区的深部,碳酸盐化明显增强。

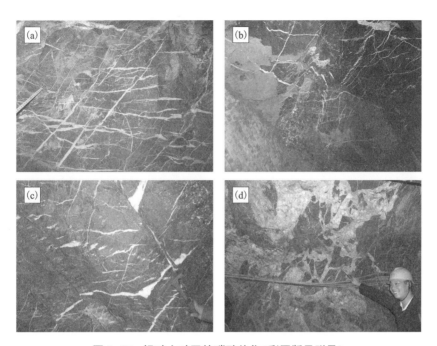

图 3-17　锡矿山矿区的碳酸盐化 (彩图版见附录)

(a) ~ (c) 网脉状方解石；(d) 方解石胶结弱硅化灰岩角砾

3.5　主要矿物及矿物生成顺序

3.5.1　主要矿物特征

锡矿山矿区的矿物组合比较简单，矿石矿物主要有辉锑矿，另可见少量的黄铁矿；脉石矿物主要为石英和方解石，其次为萤石和重晶石。

辉锑矿：亮铅灰色，强金属光泽，晶面可见有纵纹，呈致密块状、针状、放射状 (图 3-14)，与石英共生的辉锑矿往往呈块状，与方解石共生的辉锑矿多呈针状、浸染状，自形、半自形、它形等结构 (图 3-15)。辉锑矿的反射色呈灰白色、白色，部分呈浅黄色，多色性明显 [图 3-18 (a)、(b)]。聚片双晶比较发育 [图 3-18 (c)、(d)]，还可见复聚片双晶，另外还可见受到后期作用而呈现的变形、揉皱现象 [图 3-18 (e)、(f)]。

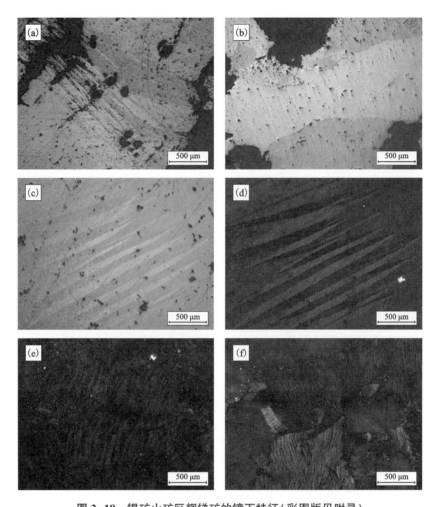

图 3-18　锡矿山矿区辉锑矿的镜下特征(彩图版见附录)

(a)、(b)辉锑矿具多色性(-);(c)辉锑矿的聚片双晶(-);(d)辉锑矿的聚片双晶(+);

(e)、(f)辉锑矿的揉皱结构和双晶(+)

黄铁矿:锡矿山矿区的黄铁矿,前人报道较少。通过本次较系统的研究,我们发现黄铁矿在锡矿山矿区相当发育。按其产出形式,该区黄铁矿大体可划分为四类。

第一类黄铁矿分布于上泥盆统页岩中,这类黄铁矿主要是沉积成因的,黄铁矿在页岩中断续呈"线状"产出[图 3-19(a)]。第二种类型的黄铁矿沿弱硅化灰岩的层间裂隙呈脉状充填[图 3-19(b)]。第三种类型是产于硅化灰岩中的黄铁矿［图 3-19(c)、(d)］，这类黄铁矿在锡矿山矿区分布最广，数量最多，但由于其颗粒太细，肉眼很难发现。第四类为辉锑矿中包裹的、被交代、溶蚀呈浑圆状的黄铁矿［图 3-15(d)］。

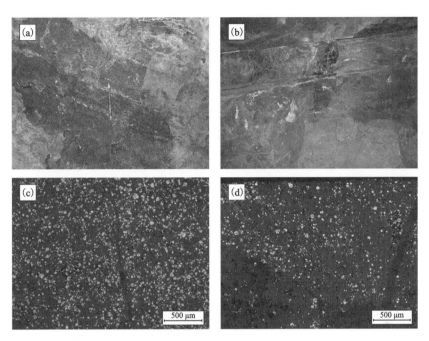

图 3-19　锡矿山矿区不同类型的黄铁矿（彩图版见附录）

(a)页岩中的黄铁矿；(b)弱硅化灰岩中的黄铁矿；(c)、(d)硅化灰岩中的黄铁矿

石英：是该区分布最广泛的脉石矿物，主要存在于硅化灰岩和锑矿石中，通常情况下石英结晶程度较差，主要呈它形晶。如井下的硅化灰岩常为黑色坚硬致密的块状地质体，肉眼无法辨认出石英；即使矿区硅化异常强烈的地段，肉眼能辨认出石英矿物，也难以辨认出石英颗粒之间的界线。尽管石英-辉锑矿型矿石是该矿最常见的矿石类型，但大部分该类锑矿石中，石英颗粒细，结晶程度太差，肉眼难以辨认。刘焕品等（1985）将该矿的石英分为早、晚两期，早期呈显微粒状、粒状，晚期呈梳状、锥状。何明跃等（2002）则认为该矿的石英分别形成于成矿前的硅化岩、成矿期的石英-辉锑矿等阶段。

方解石：是分布范围仅次于石英的脉石矿物。按其野外地质特征和矿物的共生组合，可分为成矿期方解石和成矿后方解石，其中成矿期方解石又可分为主成矿期和成矿晚期方解石（图 3-20）。

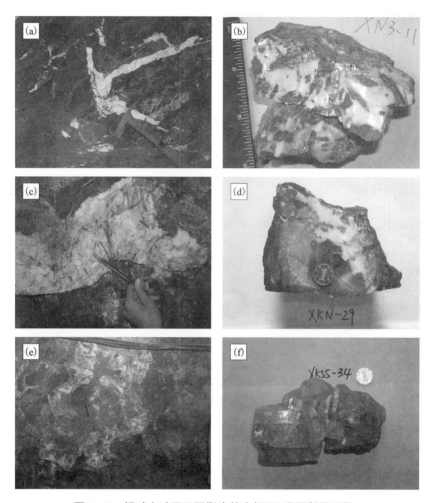

图3-20 锡矿山矿区不同期次的方解石(彩图版见附录)

(a)、(b)主成矿期;(c)、(d)成矿晚期;(e)、(f)成矿后

主成矿期方解石分布较少,仅在童家院矿床出露,主要分布于地表及浅部中段。成矿晚期方解石广泛分布于矿区的各个中段,尤其是南矿飞水岩矿床和物华矿床的深部中段。成矿后方解石在矿区也比较发育,在四个矿床均有分布。

萤石:锡矿山矿区的萤石发育较少,主要分布于硅化灰岩裂隙中,部分与石英、辉锑矿共生(图3-21),呈浅绿色-无色,玻璃光泽,部分为珍珠光泽,晶形不好。

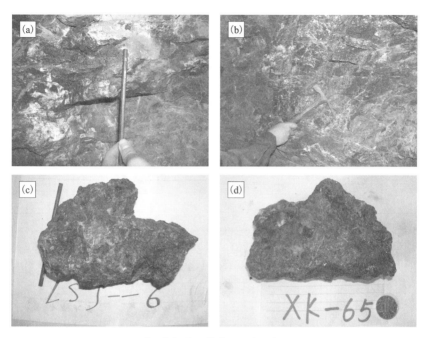

图 3-21 锡矿山矿区的萤石(彩图版见附录)

(a)、(b)萤石的井下露头；(c)、(d)萤石的手标本照片

重晶石：分布较少，主要分布在物华和老矿山的地表和浅部，常呈板状和片状(图 3-22)，无色，透明，局部样品可见重晶石与辉锑矿共生。

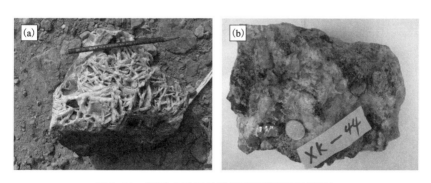

图 3-22 锡矿山矿区的重晶石(彩图版见附录)

(a)板状重晶石；(b)板状和片状重晶石

3.5.2 成矿期次及矿物生成顺序

(1)成矿期次

根据成矿前主要是围岩硅化生成硅化灰岩和石英，并在硅化灰岩中形成颗粒较小的黄铁矿；主成矿期矿物主要为石英和辉锑矿，局部有方解石，并在地表浅部有少量的萤石和重晶石生成；成矿晚期，矿物主要为方解石和辉锑矿，局部有石英和少量滑石；成矿后主要形成方解石脉和晶洞方解石，将该矿区的成矿期次总结为表3-2。

表 3-2　锡矿山矿区成矿期次表

矿　物	成矿前	主成矿期	成矿晚期	成矿后
辉锑矿		————————	————	
黄铁矿	————			
石英	————	————————	————	
重晶石		——		
萤石		——		
方解石			————————	————————
滑石			————	

(2)流体作用期次

前人对锡矿山矿区硅化的期次、成矿时代、成矿流体等进行过研究，但这些工作较零散、不系统，且没有涉及矿区流体作用期次的系统研究。本书在前人已有工作的基础上，将该区的流体作用分为四期：成矿前流体作用、主成矿期流体作用、成矿晚期流体作用和成矿后流体作用。

矿区成矿前流体作用主要体现为矿区围岩发生大规模的硅化；主成矿期流体作用表现为形成石英-辉锑矿型矿石和硅质胶结角砾岩；成矿晚期流体作用是形成方解石-辉锑矿型矿石和方解石胶结的角砾岩；成矿后流体作用体现为矿区广泛发育的碳酸盐化。

第 4 章　流体作用产物特征

热液矿床显然是矿石发生大量堆积的结果，必然需要大量的流体作为载体。没有流体的运载，矿质不可能仅依靠扩散机制发生富集成矿，更不可能形成超大型矿床。因此，锡矿山这类超大型矿床的形成，实际上也是大规模流体运移和聚集沉淀的过程。

由于热液成矿作用发生在过去的地质历史时期，距今至少有数百万年之久，因此，我们不可能直接观察到流体的成矿作用，只能通过研究流体作用的产物，来推断流体的演化过程及成矿机制。

流体作用的产物，根据其形成机制，可分为物理作用的产物和化学作用的产物。在锡矿山矿区，锑矿体和角砾岩主要为流体物理作用的产物，而硅化灰岩和蚀变煌斑岩则为流体化学作用的产物。下面我们将对上述产物的地质、地球化学特征分别加以阐述。

4.1　矿体

在锡矿山矿区，流体作用遗留下来的直接产物为锑矿体，因此，对该矿区锑矿体的地质、地球化学特征进行研究，能为锡矿山矿区流体作用的方式、流体作用的过程及流体作用的机制提供最直接的证据。

4.1.1　地质特征

（1）野外地质特征

如前所述，该区锑矿体一共有 Ⅰ 、Ⅱ 、Ⅲ 和 Ⅳ 四个矿体。Ⅰ 、Ⅱ 矿体主要沿顺层破碎带产出，呈层状、似层状分布；Ⅲ 、Ⅳ 主要沿 F_{75} 断裂，呈侧羽状、不规则状产出。尽管在地质剖面图上该矿区的锑矿体主要呈层状、似层状分布，实际上在每两层页岩之间的灰岩段中，辉锑矿主要是沿着硅化灰岩的裂隙产出，形成网脉状[图3-12(a)~(c)，图4-1(a)]、囊状[图3-12(e)，图4-1(b)]或不规则矿体[图3-12(f)，图4-1(c)]，这显然是成矿流体沿岩石裂隙充填的产物。即使对于那些顺层产出的锑矿脉，辉锑矿也往往是呈针状垂直于围岩层面生长并将其切穿[图4-1(d)]，这显然也是成矿流体作用的结果。

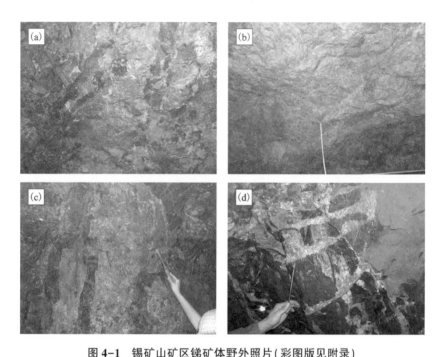

图4-1　锡矿山矿区锑矿体野外照片(彩图版见附录)

(a)网脉状锑矿体；(b)囊状锑矿体；(c)不规则状锑矿体；(d)针状辉锑矿切穿围岩层面

　　该区锑矿体在时、空分布上均有一定的规律。在时间上，石英-辉锑矿型矿石形成较早，并有少量方解石-辉锑矿型、萤石-石英-辉锑矿型和重晶石-石英-辉锑矿型矿石发育；方解石-辉锑矿型矿石形成较晚。在空间上，从地表浅部往深部，由石英-辉锑矿型矿石逐渐变为石英-方解石-辉锑矿型矿石，最后为方解石-辉锑矿型矿石。

　　石英-辉锑矿型矿石：是锡矿山矿区最重要的矿石类型，其矿石量约占锡矿山总储量的80%以上。该类型矿石在空间上具有明显的分布规律(图3-11)：在横向上，自F_{75}往东，矿体的厚度由厚变薄，矿体的规模和品位不断降低，直至没有矿化；在纵向上，该类矿石主要分布于矿区的地表和浅部中段，越靠近地表，锑矿的厚度和品位越大，往深部矿体的厚度不断降低、矿石的品位趋于减小，如在北矿童家院矿床主要分布于5中段以上。

方解石-辉锑矿型矿石：该类矿石主要分布于矿区的深部，如在南矿飞水岩矿床主要分布于19中段以下，具有明显的分布规律：横向上，越靠近F_{75}矿化越好，远离F_{75}矿体逐渐变薄、连续性变差，直至尖灭；纵向上，由浅至深，矿体的厚度和品位不断变小。

（2）手标本特征及镜下特征

①主成矿期

该区石英-辉锑矿型矿石中的辉锑矿，呈亮铅灰色、强金属光泽，晶面可见有纵纹，具长条状、柱状、块状等构造[图3-13（a）、（b），图3-14（a）、（b）]，部分长条状辉锑矿可长达几十厘米[图3-14（e）]。反射光下，辉锑矿呈灰白色、白色等，多色性较明显[图4-2（a）、（b）]，双晶较常见[图3-18（d）]，主要呈自形、半自形以及它形粒状结构，其次可见交代结构、溶蚀结构、揉皱结构等[图3-18（e）、（f）]。

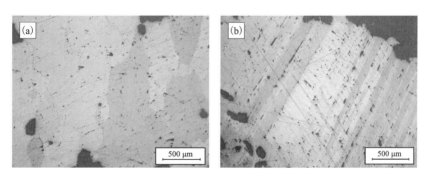

图4-2 石英-辉锑矿型矿石中辉锑矿的镜下照片（-）（彩图版见附录）

与石英-辉锑矿型矿石同时形成的脉石矿物，除石英外，还有方解石、萤石和重晶石。

该期石英呈乳白色-无色，颗粒细小、晶形不发育[图3-13（a）、（b），图3-14（a）、（b）]，另外在萤石和重晶石样品中也发育有石英颗粒[图4-3（e）~（h）]。显微镜下，石英呈粒状，淡黄色[图4-3（a）]，干涉色为一级灰至二级橙黄[图4-3（b）]。在显微镜下观察发现，大多辉锑矿颗粒周边均生长着一圈石英颗粒。

该期方解石,在矿区发育极少,仅在童家院矿床出露,主要分布于浅部中段。其硬度和比重均较大,用小刀不易将其刻动,且解理不发育,晶形不好[图3-20(b)]。在显微镜下,该期方解石解理相当密集,且两组解理呈75°夹角,干涉色为高级白,闪突起和双晶纹不明显[图4-3(c)、(d)]。

萤石在矿区发育得较少,主要产于物华矿床浅部。萤石呈浅绿色-无色,玻璃光泽,部分为珍珠光泽,晶形不好[图3-21(c)、(d)]。显微镜下,该萤石突起较高,常呈脉状或与石英呈脉状充填于硅化灰岩中[图4-3(e)、(f)],局部可见辉锑矿与其共生。

重晶石在矿区的分布也很少,主要分布在物华和老矿山矿床的地表和浅部。重晶石,常呈板状和片状,无色、透明,重晶石常以硅化灰岩为基座,两者之间常有一层结晶较差的石英分布(图3-22),局部可见重晶石与辉锑矿共生。显微镜下,重晶石晶形较好,呈板状、长条状[图4-3(g)、(h)],分布于硅化灰岩基岩之上,长条状的重晶石晶体常可见细粒的石英颗粒垂直其生长方向发育[图4-3(h)]。

②成矿晚期

方解石-辉锑矿型矿石:该类矿石中的辉锑矿呈亮铅灰色、强金属光泽,晶面可见有纵纹,具针状、放射状、浸染状等构造[图3-13(c)、(d),图3-14(c)、(f),图3-20(c)、(d)]。反射光下,辉锑矿呈灰白色、白色等,具有多色性,主要呈自形、半自形以及它形粒状结构[图4-4(a)、(b)],其次可见溶蚀结构等。

该类方解石广泛分布于矿区的各个中段,尤其是南矿飞水岩矿床和物华矿床的深部中段。方解石为白色至无色,硬度远不及主成矿期方解石,部分样品中可见方解石的三组解理非常发育[图3-13(c)、(d),图3-14(c)、(f),图3-20(c)、(d)]。方解石在显微镜下可见两组解理,但较稀疏,干涉色为高级白,具有很明显的闪突起和双晶纹,且两组双晶纹的夹角为75°[图4-4(c)、(d)]。

4.1.2 地球化学特征

(1)稀土元素(REE)

前人已经研究了锡矿山矿区与辉锑矿共生的方解石的稀土元素组成(彭建堂等,2004),本次我们补充了部分成矿期方解石的稀土元素测试分析,其含量见表4-1。

与主成矿期辉锑矿共生的方解石,其稀土元素含量较低,为$29.60 \times 10^{-6} \sim 78.40 \times 10^{-6}$,其中$w(LREE)$为$0.56 \times 10^{-6} \sim 0.98 \times 10^{-6}$,$w(MREE)$为$6.75 \times 10^{-6} \sim$

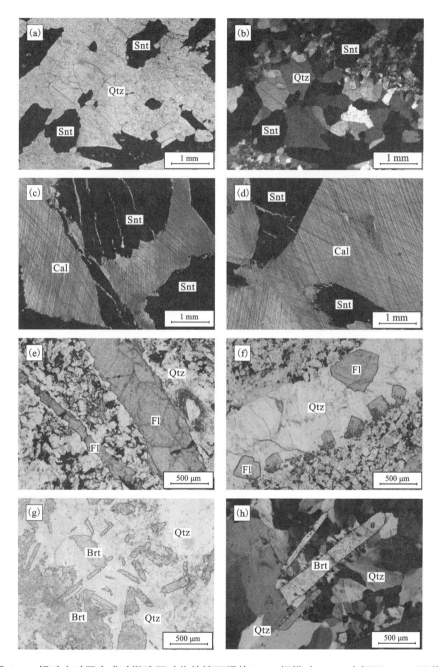

图 4-3　锡矿山矿区主成矿期脉石矿物的镜下照片（Snt-辉锑矿，Cal-方解石，Qtz-石英，
Fl-萤石，Brt-重晶石）（a、c-g 为单偏光，b、h 为正交偏光）（彩图版见附录）

（a）、（b）与辉锑矿共生的石英；（c）、（d）与辉锑矿共生的方解石；（e）充填于硅化灰岩中的萤石脉；
（f）充填于硅化灰岩中的石英-萤石脉；（g）、（h）与石英共生的重晶石

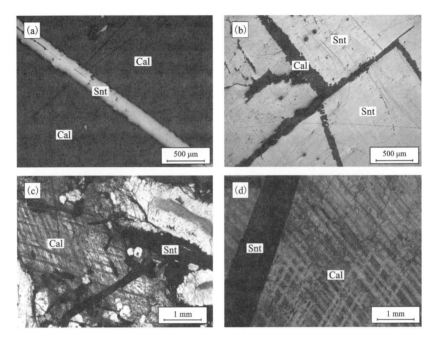

图 4-4　锡矿山矿区方解石-辉锑矿型矿物的镜下照片 (Snt-辉锑矿，Cal-方解石)

(a、b 为反射光，c、d 为透射光) (彩图版见附录)

(a) 针状辉锑矿分布于方解石中 (-) ；(b) 方解石与辉锑矿共生 (-) ；(c) 方解石 (-) ；(d) 方解石 (+)

17.26×10^{-6}，$w(\text{HREE})$ 为 $22.22 \times 10^{-6} \sim 60.56 \times 10^{-6}$，表现为 LREE 相对亏损，MREE 和 HREE 相对富集的特征 (图 4-5)。$w(\text{La})_N / w(\text{Yb})_N$ 为 $0.007 \sim 0.033$，轻、重稀土分异明显；$w(\text{La})_N / w(\text{Sm})_N$ 为 $0.029 \sim 0.068$，轻稀土内部分异明显；$w(\text{Gd}) / w(\text{Yb})_N$ 为 $0.84 \sim 1.85$，重稀土内部分异不明显；$w(\text{Y}) / w(\text{Ho})$ 为 $29.2 \sim 39.4$，$w(\text{Sm}) / w(\text{Nd})$ 为 $1.56 \sim 2.82$；δEu 为 $0.76 \sim 1.02$，δCe 为 $1.01 \sim 1.40$。

与成矿晚期辉锑矿共生的方解石，其稀土元素含量也较低，为 $16.51 \times 10^{-6} \sim 53.73 \times 10^{-6}$，其中 $w(\text{LREE})$ 为 $1.61 \times 10^{-6} \sim 5.40 \times 10^{-6}$，$w(\text{MREE})$ 为 $3.74 \times 10^{-6} \sim 12.55 \times 10^{-6}$，$w(\text{HREE})$ 为 $10.74 \times 10^{-6} \sim 35.78 \times 10^{-6}$，表现为 LREE 相对亏损，MREE 和 HREE 相对富集的特征 (图 4-6)。$w(\text{La})_N / w(\text{Yb})_N$ 为 $0.074 \sim 0.270$，LREE、HREE 分异没有主成矿期方解石明显；$w(\text{La})_N / w(\text{Sm})_N$ 为 $0.08 \sim 0.32$，LREE 内部分异没有主成矿期方解石明显；$w(\text{Gd})_N / w(\text{Yb})_N$ 为 $1.01 \sim 1.54$，重稀土内部分异不明显；$w(\text{Y}) / w(\text{Ho})$ 为 $24.6 \sim 33.6$，$w(\text{Sm}) / w(\text{Nd})$ 为 $0.58 \sim 0.95$；δEu 为 $0.72 \sim 0.90$，具有负 Eu 异常；δCe 为 $0.67 \sim 1.07$。

表 4-1　锡矿山矿区不同期次方解石的稀土元素含量（单位：×10⁻⁶）

	样号	La	Ce	Pr	Nd	Sm	Eu	Gd	Tb	Dy	Ho	Er	Tm	Yb	Lu	Y
主成矿期	XN3-9	0.037	0.184	0.038	0.299	0.801	0.598	3.72	0.763	5.09	0.959	2.33	0.302	1.80	0.184	33.1
	XN3-10	0.065	0.252	0.048	0.339	0.956	0.774	4.94	1.10	7.19	1.30	3.18	0.347	2.15	0.247	45.1
	XN3-11	0.049	0.253	0.040	0.292	0.455	0.390	2.08	0.445	2.88	0.497	1.34	0.17	1.01	0.118	19.6
	XN3-13	0.069	0.413	0.062	0.438	0.737	0.498	2.78	0.648	4.05	0.723	1.96	0.258	1.40	0.148	24.3
	XN3-15	0.044	0.199	0.042	0.292	0.792	0.577	4.28	1.19	8.71	1.72	5.04	0.688	4.12	0.527	50.2
	XS19W-3	0.130	0.841	0.197	1.47	0.844	0.336	1.55	0.308	1.98	0.402	1.22	0.179	1.05	0.149	13.5
	XS19W-7	0.328	1.42	0.276	2.04	1.34	0.459	2.68	0.519	3.53	0.692	2.06	0.261	1.41	0.199	22.9
	XS19W-8	0.380	1.94	0.396	2.69	1.82	0.621	3.59	0.673	4.89	0.959	2.64	0.328	2.09	0.258	30.4
	XS19W-13	0.310	0.586	0.144	0.992	0.607	0.212	1.20	0.183	1.25	0.286	0.81	0.119	0.775	0.119	8.92
晚成矿期	XKSS-21	0.185	0.751	0.181	1.40	1.01	0.390	1.81	0.465	3.13	0.745	1.75	0.218	1.44	0.208	19.9
	XKSS-22	0.223	1.26	0.306	2.27	1.70	0.605	2.63	0.705	4.85	1.07	2.48	0.350	2.04	0.267	27.4
	XKSS-24	0.125	0.454	0.115	0.913	0.864	0.321	1.36	0.359	2.36	0.604	1.37	0.174	0.962	0.118	16.3
	XKSS-27	0.349	1.46	0.324	2.02	1.29	0.423	1.93	0.478	3.19	0.777	1.82	0.267	1.39	0.217	19.1

续表 4-1

	样号	$w(\sum REE+Y)$	$w(LREE)$	$w(MREE)$	$w(HREE)$	δEu	δCe	$w(La)_N/w(Yb)_N$	$w(La)_N/w(Sm)_N$	$w(Gd)_N/w(Yb)_N$	$w(Y)/w(Ho)$	$w(Sm)/w(Nd)$
主成矿期	XN3-9	50.174	0.56	11.93	37.68	0.88	1.06	0.014	0.029	1.67	34.48	2.68
	XN3-10	67.951	0.7	16.26	50.99	0.88	1.04	0.020	0.043	1.85	34.69	2.82
	XN3-11	29.606	0.63	6.75	22.22	1.02	1.29	0.033	0.068	1.66	39.41	1.56
	XN3-13	38.485	0.98	9.44	28.07	0.93	1.40	0.033	0.059	1.60	33.61	1.68
	XN3-15	78.399	0.58	17.26	60.56	0.76	1.01	0.007	0.035	0.84	29.22	2.71
成矿晚期	XS19W-3	24.141	2.64	5.42	16.09	0.89	1.02	0.084	0.097	1.20	33.55	0.58
	XS19W-7	40.079	4.06	9.23	26.79	0.72	1.06	0.157	0.154	1.54	33.04	0.66
	XS19W-8	53.727	5.4	12.55	35.78	0.73	1.07	0.122	0.132	1.39	31.76	0.68
	XS19W-13	16.511	2.03	3.74	10.74	0.74	0.67	0.270	0.321	1.25	31.18	0.61
	XKSS-21	33.55	2.52	7.55	23.48	0.87	0.89	0.087	0.115	1.01	26.69	0.72
	XKSS-22	48.14	4.06	11.57	32.51	0.87	0.97	0.074	0.083	1.04	25.49	0.75
	XKSS-24	26.43	1.61	5.88	18.94	0.90	0.83	0.088	0.091	1.14	27.01	0.95
	XKSS-27	35.06	4.15	8.08	22.83	0.82	0.95	0.169	0.171	1.12	24.64	0.64

注：XN 样品和 XS 样品据彭建堂等（2004）

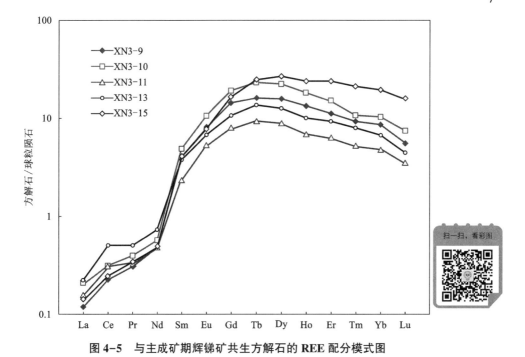

图 4-5　与主成矿期辉锑矿共生方解石的 REE 配分模式图

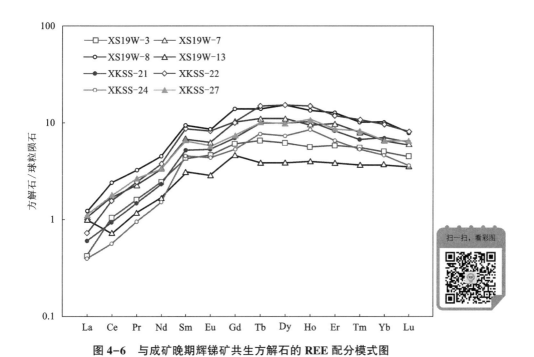

图 4-6　与成矿晚期辉锑矿共生方解石的 REE 配分模式图

（2）C、O 同位素

前人已经分析了该区与辉锑矿共生的方解石的 C、O 同位素组成，本次我们补充了部分成矿期方解石的 C、O 同位素分析，其测试结果见表 4-2。

表 4-2　锡矿山矿区不同期次方解石的 C、O 同位素组成/‰

	样号	$\delta^{18}O_{SMOW}$	$\delta^{13}C_{PDB}$	资料来源		样号	$\delta^{18}O_{SMOW}$	$\delta^{13}C_{PDB}$	资料来源
主成矿期	271-1	16.1	-6.11	①	成矿晚期	4	19.6	-1.52	②
	2-5	17.4	-7.02	②		XB133	11.3	0.48	③
	2	17.9	-6.69			XS15-4	12.9	1.20	
	XN3-9	18.3	-5.60			XS11-6	16.6	1.94	
	N3-10	18.4	-6.70			XS11-36	17.1	2.08	
	XN3-11	18.6	-6.00	本书		XS11-2	17.1	1.74	
	XN3-13	17.8	-4.30			XS19E-2	15.3	1.53	④
	XN3-15	17.8	-8.20			XS19E-1	15.7	1.53	
	XKL-3	19.5	-6.64			XS19W-1	16.2	1.92	
成矿晚期	284-1	11.0	-0.05			XS19W-1	16.3	1.92	
	245-5	11.2	-0.20			295-2	15.4	-0.07	①
	948	15.6	0.54			282-2	17.7	-0.32	
	9195	15.1	0.24			XS15-1	17.2	-0.20	
	11195	13.1	0.48	①		XKSS-21	15.8	1.88	
	1916-1-3	14.6	0.43			XKSS-22	14.7	1.54	本书
	300	16.0	1.18			XKSS-24	14.6	1.68	
	139	12.6	0.80			XKSS-27	15.5	2.02	
	S-17	16.4	0.90						

注：资料来源①刘焕品等，1985；②文国璋等，1993；③解庆林等，1996b；④彭建堂和胡瑞忠，2001。

从表 4-2 可见，不同期次的方解石，具有明显不同的 C、O 同位素组成。与主成矿期辉锑矿共生的方解石 $\delta^{13}C_{PDB}$ 为 -4.30‰ ~ -8.20‰，$\delta^{18}O_{SMOW}$ 为 16.1‰ ~ 19.5‰。与成矿晚期辉锑矿共生的方解石 $\delta^{13}C_{PDB}$ 为 -0.20‰ ~ 2.08‰，$\delta^{18}O_{SMOW}$ 为 11.0‰ ~ 17.1‰，其 C 同位素组成明显高于主成矿期方解石，而 O 同位素组成

却显著低于主成矿期方解石。

（3）H、O 同位素

该区已有较多的 H、O 同位素数据，从表 4-3 可知，该区主成矿期流体的 δD 为 $-54‰\sim-60‰$，$\delta^{18}O_{矿物}$ 为 $10.1‰\sim16.0‰$，对应的 $\delta^{18}O_{水}$ 为 $-8.9‰\sim5.44‰$；成矿晚期流体的 δD 为 $-52‰\sim-81‰$，$\delta^{18}O_{矿物}$ 为 $11.3‰\sim24.3‰$，对应成矿流体 $\delta^{18}O_{水}$ 为 $-9.3‰\sim9.9‰$。

表 4-3 锡矿山矿区的 H-O 同位素组成/‰

期次	矿物	δD	$\delta^{18}O_{矿物}$	$\delta^{18}O_{水}$	资料来源
主成矿期	辉锑矿	-60		-4.2	曾允孚等，1993
	重晶石	-60		-5.2	
	石英	-54	12.2	4.4	易建斌等，1995
		-60		-8.9	
		-57	12.4	4.5	
			13.3	5.44	刘文均等，1992
			11.9	4.04	
			13.7	1.99	刘焕品等，1985
			16.0	1.98	
			13.9	-1.59	
			10.1	-4.39	
成矿晚期	方解石	-70		0.5	刘文均等，1992
		-61		-5.2	
		-66		-9.3	
		-71	11.3	4.6	杨照柱等，1998a
		-59	15.7	3.2	
		-57	16.1	4.62	
		-65	18.4	9.9	
		-81	16.2	9.6	
		-79	14.8	4.3	
		-72	12.9	2.6	
		$-52\sim-81$	11.3~24.3	2.6~11.4	马东升等，2003

(4)Sr 同位素

前人已对该区的灰岩、硅化灰岩和方解石的 Sr 同位素组成进行了系统研究（彭建堂等，2001；Peng et al.，2003）。主成矿期方解石的 Sr 含量为 642×10^{-6} ~ 815×10^{-6}（Peng et al.，2003），明显高于成矿晚期方解石（97.5×10^{-6} ~ 187×10^{-6}），也显著高于矿区硅化灰岩（5.32×10^{-6} ~ 30.5×10^{-6}，彭建堂等，2001）。

该区主成矿期方解石的 $^{87}Sr/^{86}Sr$ 为 0.71212 ~ 0.71282（Peng et al.，2003），成矿晚期方解石的 $^{87}Sr/^{86}Sr$ 为 0.71020 ~ 0.71241（彭建堂等，2001），均高于矿区的赋矿灰岩（0.70988 ~ 0.71074，彭建堂等，2001），但低于矿区硅化灰岩（0.71227 ~ 0.72787，彭建堂等，2001）。

4.2　蚀变围岩

热液矿床的围岩蚀变是指矿体周围的岩石在热液作用下，发生一系列旧矿物被新的更稳定的矿物所代替的蚀变作用（袁见齐等，1984）。锡矿山矿区处于湘中盆地，出露的主要地层为泥盆系和石炭系，为浅海相碳酸盐岩沉积的一套地层。锡矿山矿区成矿前流体作用主要表现为硅化蚀变，该区硅化作用规模巨大，地表出露面积可达 $10\ km^2$，从地表到深部均可见硅化现象，硅化厚度数十米，最厚可达 80 m 左右（胡雄伟，1995），且硅化与矿化关系最为密切，有矿化的地方必有硅化（刘焕品，1986）。

4.2.1　地质特征

(1)硅化

该区硅化岩主要有硅化灰岩、硅化泥灰岩等类型，其中 90%以上为硅化灰岩，因此，本书将硅化灰岩作为重点研究对象，硅化泥灰岩仅做简单分析。

尽管在锡矿山矿区的局部地段，锡矿山组兔子塘段（D_3x^2）、马牯脑段（D_3x^4）、欧家冲段（D_3x^5）及下石炭统岩关阶孟公坳段（C_1y^2）的灰岩和部分砂岩中，均可观察到硅化现象，但矿区地表硅化主要发育在上泥盆统的佘田桥组中，且广泛出露（胡雄伟，1995）[图 3-16(a)、(b)]，井下硅化灰岩也广泛发育[图 3-16(c)、(d)，图 4-7]。在飞水岩矿床的深部中段，可见中泥盆统的棋梓桥组地层中存在弱硅化。

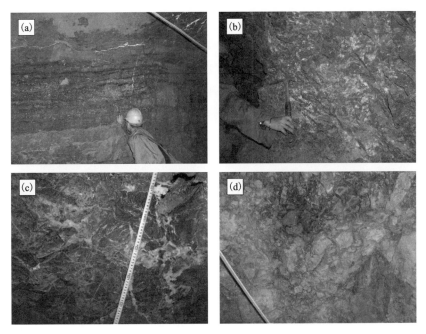

图 4-7　锡矿山矿区不同硅化程度的灰岩(彩图版见附录)

(a)弱硅化灰岩;(b)、(c)硅化灰岩;(d)强硅化灰岩

地表硅化灰岩通常呈棕黄色,质地坚硬,节理发育,多构成正地形,表现为沿断裂分布的小山包、陡峭山脊或山峰,其平面形态有椭圆状、囊状长条、带状或不规则团块状。一些露头中可见锑矿化,破裂面上常可见放射状辉锑矿假象。在井下,硅化灰岩为灰黑色,致密块状[图 3-16(c)、(d),图 4-7(a)~(c)],硬度大,性脆,表面粗糙、砂感明显,并常被破碎,硅化角砾岩被硅质再胶结[图 4-7(b)~(d)]。在坑道中,经常见到多次硅化作用形成的硅化地质体[图 4-7(d)]。

在空间上,硅化灰岩多表现为依附主干断裂沿下盘顺层延伸的层状、似层状,延伸约 1000~1500 m,厚 30~80 m,少数沿主干断裂旁侧的次级断裂裂隙分布,形成穿层脉状。前者与围岩呈渐变过渡关系,后者当限于断裂面之间时与围岩界线明显。总体而言,该区的硅化灰岩空间分布具有如下特征:① 在地下浅部,硅化灰岩的出露面积大,硅化强度大,往深部逐渐减少。② 硅化灰岩沿 F_{75}、F_3 下盘分布,在靠近断裂硅化灰岩厚度大,远离断裂向东,则厚度逐渐减小,以至尖灭(图 3-11)。③ 靠近断裂 F_{75}、F_3 的下盘,硅化灰岩产出的层位低,但层次多;向东层位升高,层次减少(图3-11)。

　　除硅化灰岩以外,硅化泥灰岩也较为常见,不论在坑道还是地表,均可见到泥灰岩发生硅化的现象。在北矿的烈士纪念碑的山包上,可见一顺层产出的硅化泥灰岩[图4-8(a)],该层岩石,常伴有黄褐色、棕褐色,似火烧状[图4-8(a)、(b)],以往被误认为是一套含铁砂岩。我们的研究表明,这套地层尽管发生了硅化现象,但岩石没有明显砂感,黄铁矿等硫化物沿其破裂面呈网脉状充填,将泥灰岩分隔成"角砾"状[图4-8(b)]。这些沿破裂面充填的脉体中,仍可见大量新鲜的黄铁矿分布[图4-8(b)]。在坑道中,硅化泥灰岩与硅化灰岩也较明显,前者通常呈灰白色、破裂面质地较细腻,后者往往呈灰黑色,质地更硬、更脆,破裂面往往粗糙,棱角更分明、更锋利。

图4-8　锡矿山矿区硅化泥灰岩露头(彩图版见附录)

　　显微镜下,未硅化灰岩-弱硅化灰岩-硅化灰岩-强硅化灰岩,主要表现为石英含量和结晶程度存在明显区别。灰岩中基本不含石英,多为碳酸盐岩矿物[图4-9(a)];弱硅化灰岩中石英含量为50%~60%,且颗粒很小,石英晶形不好[图4-9(b)];硅化灰岩中石英含量为70%~80%,但颗粒不大,石英的表面较粗糙[图4-9(c)];强硅化灰岩中石英含量>90%,且颗粒较大,晶形较好[图4-9(d)]。锡矿山矿区发育最多的是硅化灰岩和强硅化灰岩,弱硅化灰岩在矿区深部增多,未硅化灰岩在已开采的中段相对少见。

　　显微镜下,硅化泥灰岩的特征没有硅化灰岩明显。弱硅化泥灰岩中石英含量很少,且多为泥晶质碳酸盐岩矿物[图4-10(a)、(b)],硅化泥灰岩中石英含量较多,但颗粒较小,晶形不好,石英表面粗糙[图4-10(c)、(d)]。

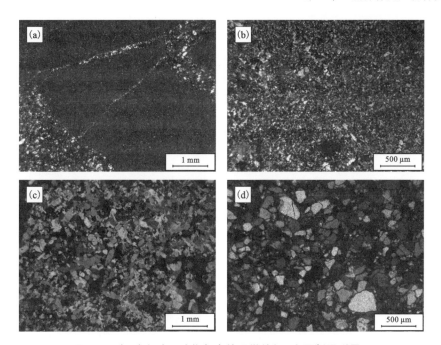

图 4-9 锡矿山矿区硅化灰岩的显微特征(彩图版见附录)

(a)未硅化灰岩与硅化灰岩;(b)弱硅化灰岩;(c)硅化灰岩;(d)强硅化灰岩(均为正交偏光)

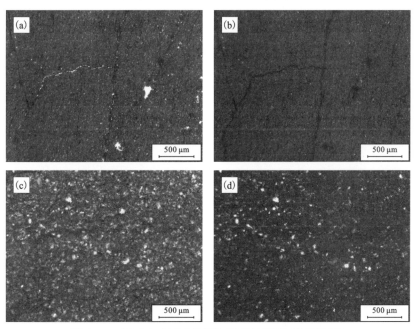

图 4-10 锡矿山矿区硅化泥灰岩照片(彩图版见附录)

(a)、(b)弱硅化泥灰岩;(c)、(d)硅化泥灰岩(a、c 为单偏光;b、d 为正交偏光)

（2）碳酸盐化

锡矿山矿区方解石广泛分布［图3-17(a)～(c)］，尤其是矿区的深部中段。方解石，呈不规则的脉状产出，脉宽仅数毫米，且杂乱无章，这种脉型方解石分布范围较广，呈白色，晶形不好，充填在硅化灰岩和部分页岩中。另有少量的晶洞方解石［图4-11(a)、(b)］，主要为无色、皂色，透明度往往比较好，方解石的硬度和比重均比较小，敲击时容易破碎，方解石的晶形很好，三组解理发育［图3-20(f)，图4-11(c)］。在显微镜下，该期方解石的解理十分稀疏，且连续性较差，闪突起和双晶纹的发育程度介于主成矿期和成矿晚期方解石之间［图4-11(d)］。

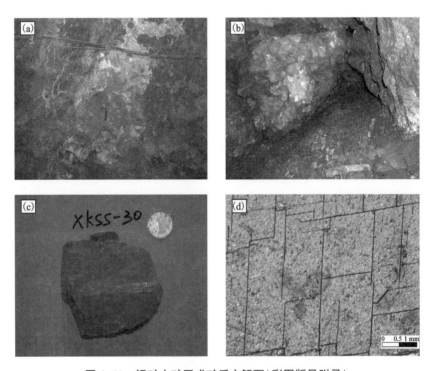

图4-11　锡矿山矿区成矿后方解石(彩图版见附录)

(a)、(b)晶洞方解石；(c)方解石手标本照片；(d)方解石的镜下照片(−)

4.2.2　地球化学特征

（1）硅化

围岩蚀变前后主要是岩石的化学成分、矿物成分、物理性质发生变化，其中以化学成分的变化最为关键。据前文已知，硅化灰岩是矿区最普遍也是最重要的硅化岩，所有的矿石均产在硅化灰岩中，因此本书主要分析灰岩蚀变成硅化灰岩的过程。在前人研究的基础上(邹君武，1992；杨照柱等，1998b)，本次测试了锡矿山矿区 4 个的灰岩和硅化灰岩的主量元素含量(表 4-4)。

表 4-4 锡矿山矿区硅化灰岩和灰岩的主量元素含量表(单位：%)

岩性	SiO$_2$	CaO	MgO	Al$_2$O$_3$	FeO$_{(t)}$	K$_2$O	Na$_2$O	TiO$_2$	MnO	资料来源
灰岩	14.1	45.3	1.51	1.94	1.30	0.47	0.06	0.13	0.02	①
	15.2	0.6	0.12	22.8	1.43	0.98	0.15	0.50	0.50	②
	17.9	40.7	1.92	1.73	1.32	0.44	0.08	0.1	0.11	
	13.6	41.8	0.82	1.24	0.84	0.23	0.07	0.04	0.02	
	13.0	46.4	0.37	0.25	0.58	0.14	0.04	0.01	0.02	③
	10.5	48.0	0.29	0.64	0.25	0.15	0.02	0.03	0.01	
硅化灰岩	96.4	0.21	0.01	1.25	0.49	0.14	0.07	0.07	0.01	①
	95.5	0.60	0.12	1.87	0.46	0.38	0.06	0.16	0.02	
	95.7	0.15	0.09	2.25	0.47	0.31	0.07	0.08	0.01	
	64.9	3.69	0.94	18.4	3.39	1.80	0.5	0.66	0.44	②
	84.3	0.38	0.06	2.39	2.87	0.28	0.05	0.02	0.02	
	80.0	1.71	0.39	7.16	2.79	0.71	0.09	0.11	0.02	
	81.4	0.57	0.31	4.58	1.84	0.90	0.10	0.01	0.08	
	93.3	0.64	0.11	2.35	0.30	0.50	0.04	0.16	0.14	

资料来源：①本书，②邹君武，1992，③杨照柱等，1998b

从表 4-4 可见，灰岩 SiO$_2$ 含量为 10.5%~17.9%，CaO 为 40.7%~48.0%，MgO 为 0.12%~1.92%，Al$_2$O$_3$ 为 0.25%~22.8%，FeO$_{(t)}$为 0.25%~1.43%，K$_2$O、Na$_2$O、TiO$_2$、MnO 均<1%。硅化灰岩 SiO$_2$ 含量为 64.9%~96.4%，CaO 为 0.38%~3.69%，MgO 为 0.01%~0.94%，Al$_2$O$_3$ 为 1.25%~18.4%，FeO$_{(t)}$为 0.30%~3.39%，K$_2$O 为 0.14%~1.80%，Na$_2$O、TiO$_2$、MnO 均<1%。

本书采用质量平衡计算的方法分析矿区硅化前后灰岩的化学成分变化。质量平衡计算的目的是消除由于岩石蚀变前后总质量的变化带来的影响(Gresens，

1967；Grant，1986；Maclean，1990；Ague，1997；Guo et al.，2009），质量平衡计算的方法主要有成分-体积图解法（Gresens，1967）、Isocon 图解法（Grant，1986）和标准化 Isocon 图解法（Guo et al.，2009；郭顺等，2013；张婷和彭建堂，2014；弭希凤等，2019）。锡矿山矿区的硅化，本次仅分为硅化和未硅化的原岩两种，相对比较简单，Isocon 图解法满足分析的需要，同时这种方法也适用于研究热液矿床的围岩蚀变（Guo et al.，2009）。因此，本书采用 Isocon 图解法研究锡矿山矿区的硅化。

Isocon 图解法的具体计算方法见 Grant（1986），这种方法研究的关键是惰性元素的选择。在热液矿床的主量元素分析中，Al_2O_3 和 TiO_2 往往作为惰性成分（魏俊浩等，2000；郭顺等，2013）。在锡矿山矿区，Al_2O_3 的斜率 $k=1.057$ 小于 TiO_2（$k=1.176$），且 Al_2O_3 的含量大于 TiO_2 的含量，因此，选择 Al_2O_3 作为惰性成分，对主量成分进行标准化，标准化的结果以及主量成分在硅化过程中的得失情况见图 4-12 和表 4-5。其斜率 $k=1.057$，稍大于 1，说明硅化后岩石的总质量略有增加。

锡矿山矿区灰岩发生硅化过程中，主量元素的迁移规律比较明显，从表 4-5 和图 4-12 可见，灰岩发生硅化的过程中带入的成分主要有 SiO_2、$FeO_{(t)}$、K_2O，带出的成分主要有 CaO 和 MgO。这与野外硅化灰岩中可见隐晶质的石英以及矿区发育有少量黄铁矿的地质现象是相吻合的。

表 4-5　锡矿山矿区灰岩和硅化灰岩主量成分平均含量标准化值（$k=1.057$）

	SiO_2	CaO	MgO	Al_2O_3	$FeO_{(t)}$	K_2O	Na_2O	TiO_2	MnO
灰岩	14.85	39.25	0.89	5.03	1.01	0.41	0.07	0.14	0.12
硅化灰岩	86.42	0.99	0.25	5.03	1.58	0.63	0.12	0.16	0.09
差值	71.57	-38.26	-0.64	0.00	0.57	0.22	0.05	0.02	-0.03

注：正值表示硅化后成分含量增加，负值表示硅化后成分含量减少。

该区硅化灰岩的 $\delta^{18}O$ 为 11.3‰～18.3‰（表 4-6），明显小于矿区灰岩的 O 同位素组成（18.06‰～21.60‰，彭建堂和胡瑞忠，2001）。前人的研究表明，从矿区浅部往深部，硅化灰岩的 O 同位素组成有降低的趋势（彭建堂和胡瑞忠，2001）。该区硅化灰岩的 Sr 同位素组成为 0.71227～0.72787（彭建堂等，2001），

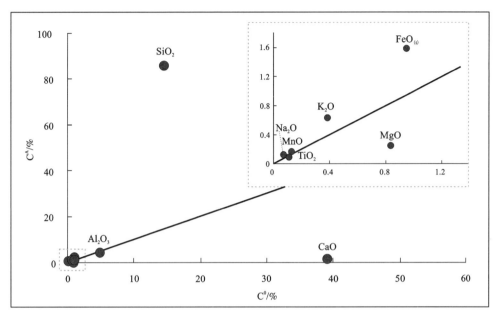

图 4-12　锡矿山矿区硅化灰岩主量成分迁移的 Isocon 图解

明显高于矿区未硅化的灰岩(0.70988 ~ 0.71074,彭建堂等,2001),也高于华南泥盆纪的海相碳酸盐岩(0.70793 ~ 0.70853,卢武长等,1994)。

表 4-6　锡矿山飞水岩矿床硅化灰岩的 O 同位素组成

位置	样数	$\delta^{18}O_{SMOW}(‰)$	资料来源
地表	4	16.3 ~ 18.3(17.4)	解庆林,1996a
1 中段	1	16.1	彭建堂等,2001a
2 中段	1	15.4	
4 中段	3	11.6 ~ 12.8(12.1)	
4 中段	3	12.7 ~ 16.6(14.9)	解庆林,1996a
13 中段	5	11.3 ~ 13.3(12.2)	

(2)碳酸盐化

本次测试了该区成矿后方解石的稀土元素含量,结果见表 4-7。

表 4-7　锡矿山矿区成矿后方解石的稀土元素含量（单位：×10⁻⁶）

样号	La	Ce	Pr	Nd	Sm	Eu	Gd	Tb	Dy	Ho	Er	Tm	Yb
XKN-43	17.14	31.69	3.51	12.6	2.49	0.403	1.75	0.339	1.78	0.371	0.844	0.128	0.719
XKSS-12	0.77	1.9	0.242	1.13	0.321	0.129	0.284	0.068	0.281	0.054	0.158	0.018	0.063
XK-14	0.318	1.057	0.186	0.799	0.209	0.048	0.238	0.064	0.293	0.053	0.145	0.025	0.085
XKSS-20	0.3	0.903	0.17	0.877	0.332	0.08	0.344	0.067	0.404	0.067	0.131	0.017	0.093
XKN-6	2.77	8.44	1.41	7.3	2.21	0.39	2.06	0.367	2.07	0.463	1.07	0.13	0.747

样号	Lu	Y	$w(\Sigma REE+Y)$	$w(LREE)$	$w(MREE)$	$w(HREE)$	δEu	δCe	$w(La)_N/w(Yb)_N$	$w(La)_N/w(Sm)_N$	$w(Gd)_N/w(Yb)_N$	$w(Y)/w(Ho)$	$w(Sm)/w(Nd)$
XKN-43	0.097	8.3	190.16	82.11	73.11	34.94	0.56	0.93	16.07	4.33	1.97	33.37	0.2
XKSS-12	0.011	1.98	426.03	143.86	202.73	79.43	1.28	1.05	8.22	1.51	3.63	36.54	0.28
XK-14	0.011	—	121.46	14.01	81.16	26.28	0.65	1.03	2.53	0.96	2.26	—	0.26
XKSS-20	0.014	2.42	76.62	33.06	34.7	8.86	0.72	0.95	2.18	0.57	2.98	36.19	0.38
XKN-6	0.117	15.13	227.95	96.79	86.87	44.29	0.55	1.02	2.5	0.79	2.22	32.67	0.3

成矿后的方解石，其稀土元素含量较高，为 $76.62 \times 10^{-6} \sim 426.03 \times 10^{-6}$，明显高于主成矿期和成矿晚期方解石，其中 $w(LREE)$ 为 $14.01 \times 10^{-6} \sim 143.86 \times 10^{-6}$，$w(MREE)$ 为 $34.70 \times 10^{-6} \sim 202.73 \times 10^{-6}$，$w(HREE)$ 为 $8.86 \times 10^{-6} \sim 79.43 \times 10^{-6}$，表现为 LREE 相对富集，MREE 和 HREE 相对亏损的特征(图 4-13)。$w(La)_N/w(Yb)_N$ 为 $2.18 \sim 16.07$，轻、重稀土分异没有主成矿期和成矿晚期明显；$w(La)_N/w(Sm)_N$ 为 $0.57 \sim 4.33$，轻稀土内部分异没有成矿期方解石明显；$w(Gd)_N/w(Yb)_N$ 为 $1.97 \sim 3.63$，重稀土内部分异也不明显；$w(Y)/w(Ho)$ 为 $32.67 \sim 36.54$；$w(Sm)/w(Nd)$ 为 $0.20 \sim 0.38$，明显小于主成矿期和成矿晚期方解石；δEu 为 $0.55 \sim 1.28$，大多呈负 Eu 异常；δCe 为 $0.93 \sim 1.05$。

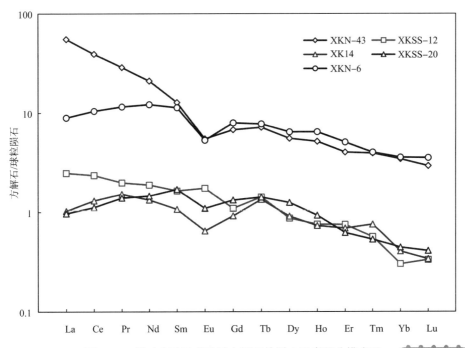

图 4-13　锡矿山矿区成矿后方解石的稀土元素配分模式图

经分析成矿后方解石的 C、O 同位素组成如表 4-8 所示，$\delta^{13}C_{PDB}$ 为 $-0.30\text{‰} \sim 1.33\text{‰}$，处于海相碳酸盐岩的变化范围($-2\text{‰} \sim +2\text{‰}$，Hoefs，1987)，$\delta^{18}O_{SMOW}$ 为 $14.22\text{‰} \sim 18.08\text{‰}$，明显小于锡矿山矿区上泥盆统佘田桥组中段($D_3s^2$)灰岩的 $\delta^{18}O$ 值($18.06\text{‰} \sim 21.60\text{‰}$，彭建堂和胡

瑞忠，2001），与成矿期方解石的 C、O 同位素组成也有所差异（表 4-2）。

表 4-8　锡矿山矿区成矿后方解石的 C、O 同位素组成/‰

样号	$\delta^{18}O_{SMOW}$	$\delta^{13}C_{PDB}$	资料来源	样号	$\delta^{18}O_{SMOW}$	$\delta^{13}C_{PDB}$	资料来源
295-2	15.41	-0.07	①	XS15-1-1	17.28	-0.22	④
948	14.22	0.23		XKS-3	16.99	-0.10	本书
286-1	17.23	-0.20		XKN-35	16.29	1.02	
296-1	18.08	-0.65		XKSS-29	15.5	1.33	
XK-14	15.7	-0.30	③	XKSS-34	17.02	0.31	
XS15-1	17.22	-0.20	④	XKSS-35	17.13	0.06	

注：资料来源同表 4-2

4.3　液压致裂角砾岩

角砾岩在热液矿床中普遍存在，据统计，全球的热液矿床中有 80% 以上发育有角砾岩（Laznicka，1989；Jébrak et al.，1997），其中液压致裂角砾岩是其重要类型之一。

Hubbert 和 Wills（1957）首次提出了"液压致裂角砾岩"，该类角砾岩被认为是脆性变形中与流体作用关系密切，且发育最普遍的一类角砾岩，故受到了很多研究者的重视（Jébrak，1997；李建威和李先福，1997；汪劲草等，1999，2000，2001；李玉坤等，2016；刘守林等，2017）。

锡矿山矿区各矿床角砾岩均广泛发育，主要有坍塌角砾岩、断层角砾岩、液压致裂角砾岩、同生角砾岩等类型，其中液压致裂角砾岩数量最多，与成矿作用的关系最为密切，是该区成矿流体作用的产物。因此，本书将重点探讨这类角砾岩的地质特征。

4.3.1　地质特征

根据胶结物和角砾成分的不同，锡矿山矿区液压致裂的角砾岩可分为两类：

硅质胶结的角砾岩和方解石胶结的角砾岩。下面对其野外地质特征、手标本特征和显微镜下特征分别予以阐述。

（1）硅质胶结角砾岩

该类型角砾岩主要分布于矿区的地表和浅部中段，如童家院矿床的 1~5 中段、飞水岩矿床的 9 中段以上，这类角砾岩均相当发育。硅质胶结的角砾岩，野外大体有顺层产出的特点，角砾岩的空间展布受地层层位控制。角砾呈灰黑色，角砾大小不一，从 1~30 cm 不等，呈长条状、不规则状等，棱角较分明，部分地段角砾之间的拼接性较好（图 4-14），角砾具有非常好的定向性，且角砾的长轴方向大体与地层的层理方向一致[图 4-14(a)]，角砾成分比较简单，主要为强硅化灰岩（图 4-14、图 4-15）。角砾岩胶结物为硅质，主要为结晶程度较差的热液成因的石英[图 4-15(a)~(c)]和玉髓[图 4-15(d)]，部分地段可见辉锑矿和石英共同胶结角砾[图 4-14(c)、(d)，图 4-15(a)、(b)]。角砾岩中的辉锑矿呈亮铅灰色，强金属光泽，晶面可见有纵纹，呈块状或不规则状。角砾与胶结物界线较为清晰[图 4-14(a)、(b)，图 4-15(d)]，也有部分角砾与胶结物界线较模糊[图 4-14(c)、(d)，图 4-15(a)~(c)]。上述特征表明，锡矿山矿区硅质胶结的角砾岩，大多为围岩（硅化灰岩）原地破裂的产物，是高压流体机械破碎作用的结果。

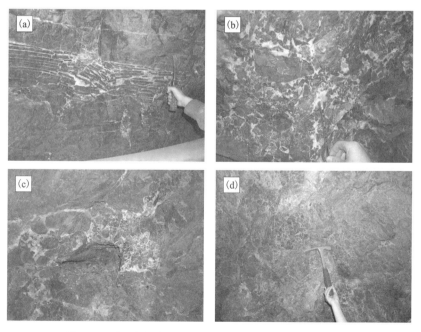

图 4-14　锡矿山矿区硅质胶结的角砾岩（彩图版见附录）

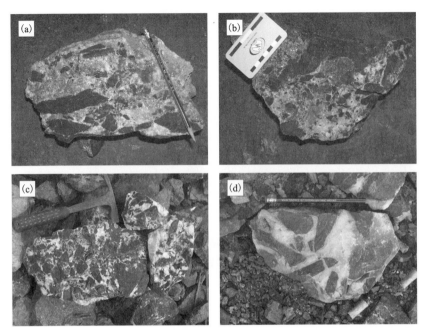

图4-15 锡矿山矿区硅质胶结角砾岩的手标本照片(彩图版见附录)

在显微镜下,这类角砾岩的角砾成分为强硅化灰岩,胶结物为粒状石英,石英往往垂直于角砾边缘生长(图4-16)。角砾棱角往往缺失或不清楚,角砾与胶结物的界线也不太清晰,故推测这类角砾岩形成过程中,硅化灰岩在受到成矿流体的机械破碎形成角砾后,又受到了流体的化学作用,使其边缘发生溶蚀。

(2)方解石胶结角砾岩

该类型角砾岩主要分布于矿区的深部中段,如童家院矿床5中段以下、飞水岩矿床的19中段以下,这类角砾岩均相当发育。方解石胶结的角砾岩,角砾具有非常好的定向性,且角砾的长轴方向大体与地层的层理方向斜交,甚至垂直于岩层分布(图4-17)。角砾呈灰黑色,大小不一,从0.5~40 cm不等,常呈长条状产出,棱角分明(图4-17、图4-18),部分地段,角砾之间的拼接性较好,且长轴方向大体一致、有定向排列的趋势[图4-17(a)、(b),图4-18(a)],成分比较简单,主要为弱硅化灰岩(图4-17、图4-18)。角砾岩胶结物为热液成因的方解石(图4-17、图4-18),部分地段可见辉锑矿和方解石共同胶结角砾[图4-18(c)]。角砾与胶结物界线清晰(图4-17、图4-18)。上述特征表明,锡矿山矿区方解石胶结的角砾岩,大多为围岩(弱硅化灰岩)原地破裂的产物,是成矿流体液压致裂作用的结果。

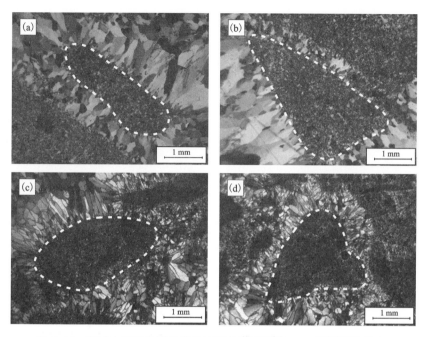

图 4-16　锡矿山矿区硅质胶结角砾岩的镜下照片(+)(彩图版见附录)

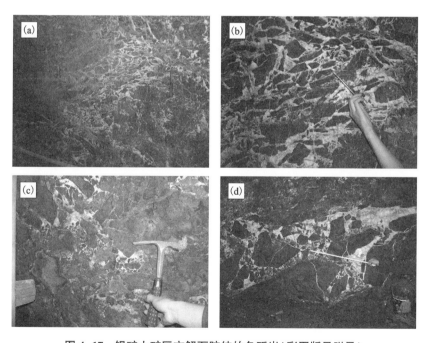

图 4-17　锡矿山矿区方解石胶结的角砾岩(彩图版见附录)

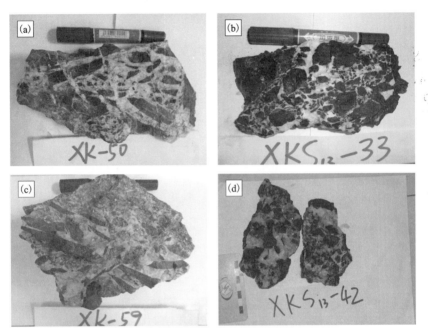

图 4-18　锡矿山矿区方解石胶结角砾岩的手标本照片 (彩图版见附录)

在显微镜下，这类角砾岩的角砾成分为弱硅化灰岩，胶结物为方解石，方解石两组解理发育 (图 4-19)。角砾棱角分明，与胶结物的界线清晰，故推测这类角砾岩在成矿过程中，仅受到成矿流体的机械破碎作用，没有受到流体的化学溶蚀作用。

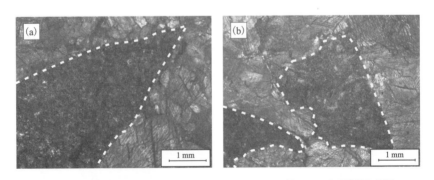

图 4-19　锡矿山矿区方解石胶结角砾岩的镜下照片 (-) (彩图版见附录)

4.3.2　分形特征

角砾岩中角砾的大小分布和形态复杂程度可以采用不同的参数来描述,目前角砾岩分形定量研究中最常用的两个参数为角砾形态分形维数 Dr 和砾径分布分维数 Ds(Jébrak,1997)。前者用于表示角砾岩中角砾的形态特征,Dr 值越大,表明颗粒边界越复杂,利用该值可鉴别角砾究竟是化学作用还是物理(机械)作用所致;后者表示角砾颗粒的大小分布特征,Ds 值越大,表明颗粒大小差异性很大,意味着岩石发生角砾化过程中需要的能量越大。

本课题组刘守林等(2017)的研究表明,锡矿山矿区不同类型液压致裂角砾岩,具有不同的形态分形和粒径大小分形特征(表4-8、表4-9)。由表4-8可知,该区方解石胶结的角砾岩 Ds 分维值(1.473、1.497)明显小于硅质胶结的角砾岩(1.524、1.665),且硅质胶结不含矿的角砾岩 Ds 分维值(1.524)明显小于硅质胶结含矿的角砾岩(1.665)。这说明硅质胶结的含矿角砾岩在形成过程中需要的能量最大,其次为硅质胶结的角砾岩,而方解石胶结的角砾岩形成时所需要的能量最小。

表 4-8　锡矿山矿区液压致裂角砾岩的 Ds 分维值(刘守林等,2017)

编号	1	2	3	4
胶结物类型	方解石	方解石	硅质	硅质(含矿)
Ds 维数值	1.473	1.497	1.524	1.665
产出地点	北矿 3 中段	南矿 25 中段	北矿 3 中段	北矿 3 中段

在锡矿山矿区,不同类型角砾岩,其 Dr 维数值也明显存在差异(表4-9),不含矿角砾岩 Dr 值偏小(1.132、1.134),且方解石胶结的角砾岩(1.132)略小于硅质胶结的角砾岩(1.134);含矿角砾岩 Dr 值偏大(1.234、1.199),且含矿方解石胶结的角砾岩(1.234)略大于硅质胶结的角砾岩(1.199)。不含矿方解石和硅质胶结的角砾岩的 Dr 值偏小,指示这类角砾岩的角砾形态比较简单,角砾边界比较清晰,其形成机制应以物理作用为主;含矿方解石和硅质胶结角砾岩的 Dr 值偏大,说明这类角砾岩中的角砾形态较复杂,其形成机制可能还受到了化学磨蚀作用的影响。

表4-9　锡矿山矿区液压致裂角砾岩的 *Dr* 分维值(刘守林等, 2017)

编号	1	2	3	4
胶结物类型	方解石	方解石(含矿)	硅质	硅质(含矿)
Dr 维数值	1.132	1.234	1.134	1.199
产出地点	南矿25中段	南矿23中段	北矿3中段	北矿5中段

4.4　蚀变煌斑岩

煌斑岩是矿区唯一出露的岩浆岩,前人对煌斑岩的研究主要集中于岩石学和地球化学的研究(吴良士和胡雄伟, 2000;谢桂青等, 2001;易建斌等, 2001;胡阿香和彭建堂, 2016),而很少有人关注煌斑岩中的热液蚀变。

锡矿山矿区新鲜的煌斑岩呈灰褐色,在部分煌斑岩的手标本中发育有浅色条带,浅色条带可见石英、方解石和萤石等热液矿物[图4-20(a)~(d)],在显微镜下,可见多条石英脉[图4-21(a)、(b)]和方解石脉[图4-21(c)、(d)]。说明煌斑岩形成后受到了后期流体的交代蚀变作用。

我们的研究发现,锡矿山矿区的煌斑岩样品,其 K_2O 和 Na_2O 的含量变化较大(图4-22),根据其 K_2O+Na_2O 的含量,我们可将该区煌斑岩分为A、B两组:A组 K_2O+Na_2O 含量较高,一般大于4.5%;B组 K_2O+Na_2O 含量较低,通常小于1%。结合手标本特征和显微镜下岩相鉴定结果,我们发现A组样品为较新鲜的煌斑岩,未受后期蚀变作用的影响,而B组为受蚀变影响较明显的煌斑岩。

在 $CaO-(Na_2O+K_2O)$ [图4-22(a)]和 $LOI-(Na_2O+K_2O)$ [图4-22(b)]图解中,锡矿山矿区新鲜煌斑岩和蚀变煌斑岩明显落入两个不同的区域:Na_2O+K_2O 高的新鲜煌斑岩样品,其 CaO 和挥发分含量都偏低;而 Na_2O+K_2O 低的蚀变煌斑岩样品,其 CaO 和挥发分明显偏高,这暗示该区煌斑岩的蚀变作用很可能与碳酸盐化有关。该区煌斑岩的 CaO 与挥发分呈正相关关系也佐证了这点(Lahaye and Arndt, 1996)[图4-22(c)]。同时该区煌斑岩 K_2O 与 CaO 呈明显的负相关关系[图4-22(d)],显示锡矿山煌斑岩的蚀变作用也可能与绿泥石化有关。

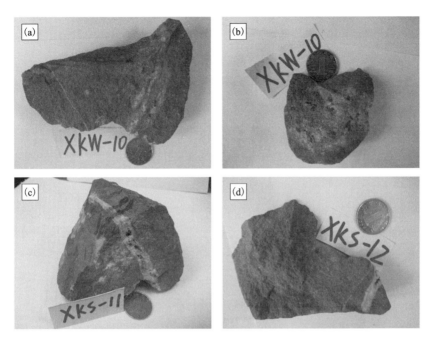

图 4-20　锡矿山矿区蚀变煌斑岩的手标本照片 (彩图版见附录)

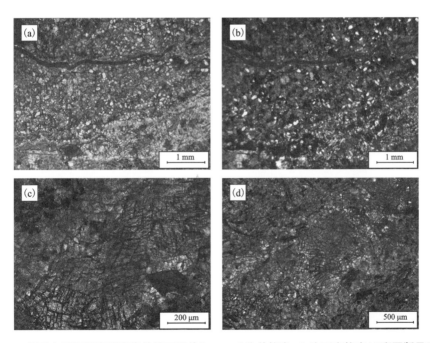

图 4-21　锡矿山矿区蚀变煌斑岩的镜下照片 (a、c、d 为单偏光；b 为正交偏光) (彩图版见附录)

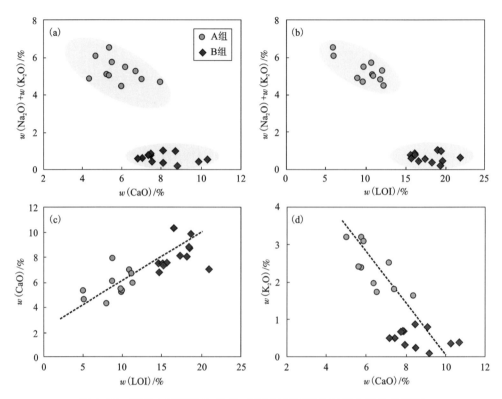

图 4-22　锡矿山煌斑岩的 CaO、碱含量及挥发分三者之间的关系图

（胡阿香和彭建堂，2016）

第 5 章　流体包裹体岩相学与显微测温

　　流体包裹体是地质过程中唯一保存至今的古流体，其均一温度和盐度是热液矿床的两个重要参数（Goldstein，1986；Bodnar and Vityk，1994；Wilkinson，2001）。包裹体研究是热液矿床中获取成矿过程地球化学信息的重要手段之一（Roedder，1984；Henley and Hedenquist，1985；Roedder and Bodnar，1997），也是准确厘定矿床成因的基本工具（Schmidt and Bodnar，2000；Wilkinson，2001）。

　　除少数矿石矿物（如闪锌矿、锡石、白钨矿等）在可见光下透明外，大多数矿石矿物为不透明矿物（Campbell and Robinson-Cook，1987；Bailly et al.，2000），因此，过去几十年人们研究热液矿床的流体包裹体时，研究对象限定为与矿石矿物共生的脉石矿物（如石英、方解石、萤石等）。随着红外显微镜成功应用于地球科学（Campbell et al.，1984），最新研究发现，即使看起来紧密共生的矿石矿物（黑钨矿、辉锑矿、黄铁矿等）和脉石矿物也可能具有不同的均一温度和盐度，说明其可能沉淀于不同的流体（Campbell and Robinson-Cook，1987；Campbell and Panter，1990；Bailly et al.，2000；Dill et al.，2008；Wei et al.，2012；王旭东等，2013；Zhu and Peng，2015；Hu and Peng，2018）。为了更准确地获得成矿流体的物理-化学性质，以及矿物的沉淀机制，前人用脉石矿物进行流体包裹体研究的热液矿床，有必要用红外显微镜直接研究矿石矿物中的包裹体。

　　锡矿山矿区的矿物组合比较简单，矿石矿物仅有辉锑矿，脉石矿物主要为石英和方解石，由于该区石英大多为细粒及隐晶质，其包裹体数量少且直径小，前人主要研究该区方解石中的包裹体（肖启明和李典奎，1984；胡雄伟，1995；解庆林等，1996b；杨照柱等，1998c）。前已述及，矿区成矿晚期的方解石-辉锑矿型矿石仅占矿区矿石总量的 20% 左右，而占矿石总量 80% 的主成矿期的石英-辉锑矿型矿石一直被研究者忽视。

　　本书系统地对锡矿山矿区不同期次的矿石矿物和脉石矿物进行了流体包裹体岩相学和显微测温学研究，主成矿期的研究对象为辉锑矿、石英、方解石、萤石和重晶石，成矿晚期的研究对象为辉锑矿和方解石，成矿后的研究对象为方解石。

5.1 分析方法简介

选择矿区合适的样品磨制成包裹体片，矿石矿物(不透明矿物)的包裹体片厚度在 90~120 μm，脉石矿物(透明矿物)的包裹体片厚度为 200 μm 左右。

不透明矿物的流体包裹体是在中国科学院地球化学研究所矿床地球化学国家重点实验室完成，分析仪器为 Olympus BX51 Linkam THMSG 600 冷热台。为了最大限度地减少红外光强度对测试结果的影响，在测温过程中将红外光调至最低(Moritz, 2006; 苏文超等, 2015), 不透明矿物的冰点温度是采用循环法[Goldstein and Reynolds (1994)]获得。冰点温度的测试精度为±0.2℃, 均一温度的测试精度为±2℃。

透明矿物的包裹体分析是在中南大学有色金属成矿预测教育部重点实验室完成，采用的仪器是 Leica 显微镜 Linkam THMSG 600 冷热台。冷冻温度的测试精度为±0.2℃, 均一温度的测试精度为±2℃。

5.2 岩相学特征

根据 Roedder(1984)和 Kerkhof & Hein(2001)的分类，流体包裹体分为原生包裹体、次生包裹体和假次生包裹体，本书研究的均为原生包裹体和假次生包裹体，包裹体分类是依据包裹体在室温下(25℃)的相数。根据包裹体岩相学和显微测温学特征，锡矿山矿区的流体包裹体可分为 4 类：Ⅰ型包裹体(纯液相)、Ⅱ型包裹体(气液两相，液相为主)、Ⅲ型包裹体(气液两相，气相为主)和Ⅳ型包裹体(纯气相)。

值得说明的是，尽管前人曾报道该矿有含 CO_2 的包裹体(刘焕品等, 1985; 胡雄伟, 1995), 但是，本次研究中未发现这类包裹体，不管是包裹体岩相学还是显微测温，均未显示有含 CO_2 包裹体存在。

5.2.1 主成矿期

对锡矿山矿区主成矿期的矿石矿物(辉锑矿)和脉石矿物(石英、方解石、萤石、重晶石)进行系统的流体包裹体的岩相学分析,遗憾的是该期方解石的数量不多,即使个别样品中有包裹体发育,包裹体也非常小,不能准确地分析。因此,主成矿期流体包裹体的分析对象为矿石矿物(辉锑矿)和脉石矿物(石英、萤石、重晶石)(图 5-1)。

图 5-1 锡矿山矿区主成矿期流体包裹体研究对象的手标本和显微镜照片
(b 为反射光,d、f、h 为透射光)(彩图版见附录)

(a)块状辉锑矿手标本;(b)辉锑矿镜下照片(+);(c)石英-辉锑矿型矿石;
(d)粒状石英与针状辉锑矿共生的显微照片(+);(e)萤石-石英-辉锑矿型矿石;
(f)与辉锑矿共生的石英、萤石的显微照片(-);(g)重晶石-石英-辉锑矿手标本;
(h)与辉锑矿共生的重晶石、石英的显微照片(-)

　　我们磨制了大量主成矿期的辉锑矿包裹体片，大部分辉锑矿包裹体片在红外显微镜下观察不到包裹体，仅数个样品中发育有包裹体。辉锑矿中的包裹体大小不一，直径从数微米到 158 μm 不等，大多呈长条状[图 5-2(a)~(c)]、近圆形[图 5-2(d)~(f)]、不规则状等，且大部分长条状的包裹体是平行于辉锑矿|110|和/或|010|解理面[图 5-2(a)~(c)]。辉锑矿中的包裹体大多是孤立出现的，因此，根据前人的研究这些包裹体应是原生包裹体或假次生包裹体(Lüders，1996；Bailly et al.，2000；Zhu and Peng，2015)。在本次研究中，辉锑矿中的包裹体类型比较简单，仅有Ⅰ型和Ⅱ型两类，其中Ⅱ型的气液比(体积百分含量，后同)为 5%~30%(图 5-2)。

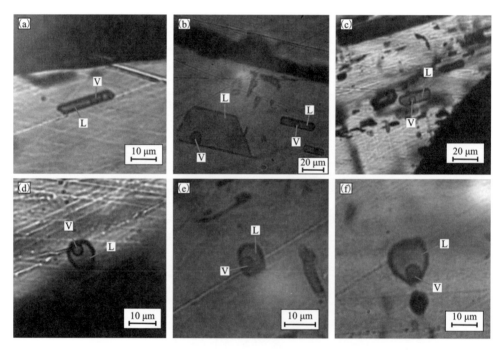

图 5-2　锡矿山矿区主成矿期辉锑矿的流体包裹体红外显微照片(彩图版见附录)

(a)~(c)辉锑矿平行于|110|和/或|010|解理面的原生两相流体包裹体；
(d)~(f)辉锑矿垂直于|110|和/或|010|解理面的原生两相流体包裹体

　　由于锡矿山矿区的石英大多晶形不好，甚至是隐晶质的，因此该区石英中的包裹体不发育，数量较少，直径也较小。石英中的包裹体都是孤立产出的，多为椭圆形、圆形、不规则状等，直径从数微米到 30 μm 不等[图 5-3(a)~(b)]。石英中的包裹体类型也比较简单,发育有Ⅱ型和Ⅲ型,其中Ⅱ型包裹体的气液比从 5%~50%,Ⅲ型包裹体的气液比从 50%~75%,且Ⅱ型包裹体比较普遍,占包裹体总数的 90% 以上,气液比集中于 5%~30%[图 5-3(a)~(b)]。

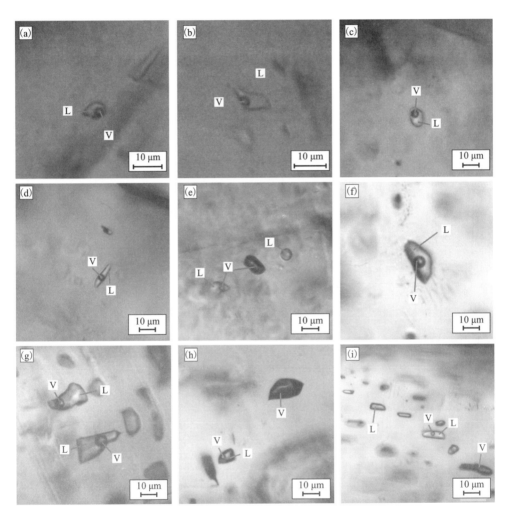

图 5-3　锡矿山矿区主成矿期脉石矿物(石英、萤石、重晶石)的流体包裹体
显微照片(彩图版见附录)

(a)、(b)石英中原生的Ⅱ型包裹体;(c)、(d)萤石中原生的Ⅱ型包裹体;
(e)萤石中同一视域的Ⅰ、Ⅱ、Ⅳ型包裹体;(f)重晶石中的Ⅱ型包裹体;(g)重晶石中的Ⅰ、Ⅱ型包裹体;
(h)重晶石中原生的Ⅱ、Ⅳ型包裹体;(i)重晶石中同一视域的原生和假次生的Ⅰ、Ⅱ、Ⅲ、Ⅳ型包裹体

该区萤石中的包裹体比较发育，大多是孤立产出的，包裹体呈负晶形、椭圆形、三角形、四边形、不规则状等，包裹体的直径从数微米到 40 μm 不等，气液比从 5%～90% 不等，主要集中于 5%～30%［图 5-3(c)～(e)］。Ⅰ、Ⅱ、Ⅲ、Ⅳ四种类型的包裹体在萤石中均有发育，但数量最多的是Ⅱ型包裹体。

该区重晶石中的包裹体非常发育，在一个视域中有孤立产出的，也有成群产出的［图 5-3(f)～(i)］，包裹体大多呈负晶形、椭圆形、三角形、四边形、不规则状等，直径从数微米到 80 μm 不等，气液比变化较大，从 5%～95% 不等，大部分集中于 5%～25%［图 5-3(f)～(i)］。四种类型的包裹体在重晶石中均有发育，且Ⅱ型包裹体最为发育。

5.2.2　成矿晚期

锡矿山矿区成矿晚期流体包裹体分析的对象为矿石矿物(辉锑矿)和脉石矿物(方解石)。本次虽然磨制了该期大量辉锑矿的包裹体片，遗憾的是，辉锑矿样品在红外显微镜下没有找到原生包裹体和假次生包裹体。因此，成矿晚期仅分析方解石中的流体包裹体。

该区成矿晚期方解石的流体包裹体比较发育，有Ⅰ型包裹体(纯液相)和Ⅱ型包裹体(气液两相，液相为主)两类(图 5-4)，包裹体多呈四边形、三角形、椭圆形、不规则状等，直径从 4 μm 至 38 μm 不等，且大多直径小于 20 μm，气液比为5%～30%(图 5-4)。

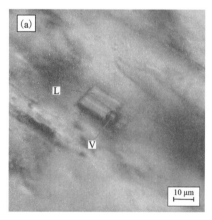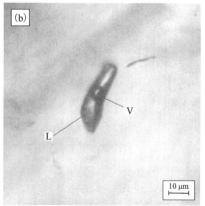

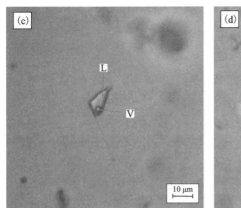
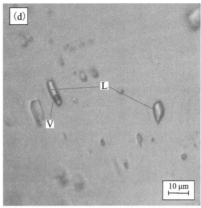

图 5-4 锡矿山矿区成矿晚期方解石的包裹体照片 (彩图版见附录)

5.2.3 成矿后

锡矿山成矿后的矿物主要有脉状方解石和晶洞方解石，由于该脉状方解石宽度很窄，仅数毫米，且方解石晶形不好，其包裹体不发育，因此该期仅研究了晶洞方解石中的流体包裹体。

成矿后方解石的包裹体非常发育，大多是成群出现，有 I 型包裹体(纯液相) 和 II 型包裹体(气液两相，液相为主) 两类(图 5-5)，包裹体多呈四边形、三角形、椭圆形、圆形、长条状、不规则状等，直径从 4 μm 至 36 μm 不等，气液比为 8%~25%(图 5-5)。

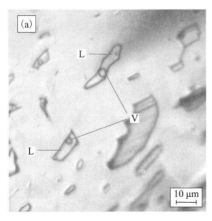
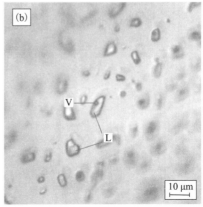

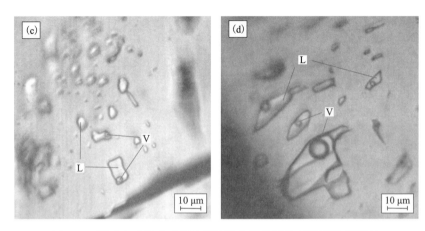

图 5-5　锡矿山矿区成矿后方解石的包裹体照片(彩图版见附录)

5.3　显微测温分析

本书流体包裹体测温学主要是测定上述矿石矿物和脉石矿物 II 型和少量 III 型包裹体在升温时的均一温度(Th)和冷冻后回温时的盐度(Tm),均一温度和盐度采用的是循环法,具体步骤见 Goldstein and Reynolds(1994)。流体包裹体研究显示 II 型包裹体的气相成分为 H_2O。盐度根据公式 $W=0.00+1.78 \cdot Tm-0.0442 \cdot Tm^2+0.00557 \cdot Tm^3$(Hall et al.,1988)计算获得,流体的密度是根据段振豪的在线程序(www.geochem-model.org)计算获得。

本次对该区不同期次的矿石矿物(辉锑矿)和脉石矿物(石英、萤石、重晶石)的 II、III 型包裹体分别进行了包裹体红外显微测温和传统显微测温,研究发现,大部分的包裹体在升温时均一为液相,只有少量均一为气相,其包裹体的均一温度和盐度结果见表 5-1。

表 5-1　锡矿山矿区流体包裹体的显微测温结果

成矿期次	矿物	Tm-ice	盐度	Th-tot(to L)	Th-tot(to V)
主成矿期	辉锑矿	$-0.1 \sim -11.4$ ($n=103$)	$0.18 \sim 15.37$	$112 \sim 325$ ($n=154$)	$152 \sim 161$ ($n=2$)
	石英	$-0.3 \sim -2.3$ ($n=99$)	$0.53 \sim 3.87$	$124 \sim 346$ ($n=109$)	$274 \sim 317$ ($n=2$)
	萤石	$-0.3 \sim -0.9$ ($n=71$)	$0.53 \sim 1.57$	$119 \sim 357$ ($n=94$)	
	重晶石	$-0.1 \sim -2.5$ ($n=221$)	$0.18 \sim 4.18$	$141 \sim 366$ ($n=256$)	$182 \sim 327$ ($n=8$)
成矿晚期	方解石	$-0.3 \sim -4.1$ ($n=151$)	$0.53 \sim 6.59$	$109 \sim 322$ ($n=199$)	$202 \sim 246$ ($n=3$)
成矿后	方解石	$-0.4 \sim -0.8$ ($n=49$)	$0.71 \sim 1.40$	$123 \sim 237$ ($n=52$)	

　　注：所有温度的单位为℃，盐度的单位为% NaCl equiv.(质量百分比，后同不注)；Tm-ice 表示冰点温度，Th-tot 表示均一温度；括号内的数字代表测试的包裹体数量。

5.3.1　主成矿期

(1)测温结果

　　该区辉锑矿包裹体的冰点温度变化范围较大，从$-0.1 \sim -11.4$℃($n=103$)，对应的盐度为 0.18% ~ 15.37% NaCl equiv.[图 5-6(a)]，平均为 4.97% NaCl equiv.。大部分包裹体是均一到液相，其均一温度为 112~325℃($n=154$)，大多集中于 120~240℃，有两个包裹体是均一到气相的，均一温度分别为 152℃ 和 161℃[图 5-6(b)]。根据包裹体均一温度和盐度计算获得流体密度为 0.73 ~ 1.00 g/cm³。

　　该区石英包裹体的冰点温度从 $-0.3 \sim -2.3$℃($n=99$)，对应的盐度为 0.53% ~ 3.87% NaCl equiv.[图 5-7(a)]，平均为 1.26% NaCl equiv.。大部分包裹体是均一到液相，其均一温度为 124~346℃($n=109$)，大多集中于 180~260℃，有两个包裹体是均一到气相的，均一温度分别为 274℃ 和 317℃[图 5-7(b)]。根据包裹体均一温度和盐度计算获得流体密度为 0.61~0.92 g/cm³。

　　该区萤石包裹体的冰点温度变化范围很小，从$-0.3 \sim -0.9$℃($n=71$)，对应

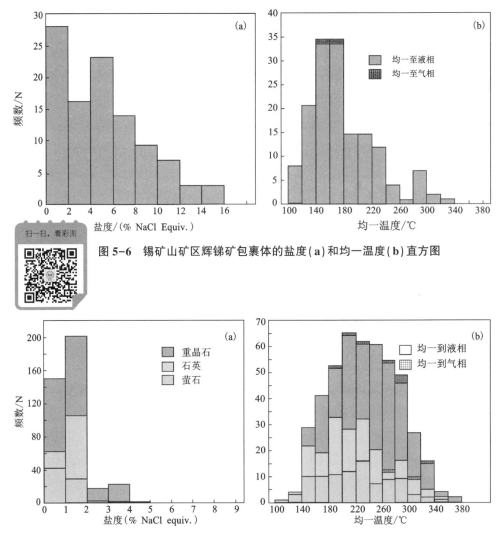

图5-6 锡矿山矿区辉锑矿包裹体的盐度(a)和均一温度(b)直方图

图5-7 锡矿山矿区主成矿期脉石矿物包裹体的盐度(a)和均一温度(b)直方图

的盐度为 0.53% ~ 1.57% NaCl equiv. [图5-7(a)]，平均为 0.93%
NaCl equiv. 。包裹体全部是均一到液相，其均一温度为 119 ~ 357℃
(n = 94)，大多集中于 160 ~ 300℃ [图5-7(b)]。根据包裹体均一
温度和盐度计算获得流体密度为 0.59 ~ 0.92 g/cm³。

该区重晶石包裹体的冰点温度变化范围不大，从 -0.1 ~ -2.5℃ (n = 221)，对
应的盐度为 0.18% ~ 4.18% NaCl equiv. [图5-7(a)]，平均为 1.33% NaCl equiv. 。

大部分包裹体是均一到液相，其均一温度为 141~366℃（ n =256），大多集中于 160~300℃，有少量包裹体是均一到气相的，均一温度为 182~327℃［图 5-7（b）］。根据包裹体均一温度和盐度计算获得流体密度为 0.51~0.94 g/cm³。

根据该区主成矿期矿物包裹体测温结果，不难发现，锡矿山矿区主成矿期的矿石矿物（辉锑矿）和脉石矿物（石英、萤石、重晶石）具有变化较大的均一温度和盐度。这在世界其他锑矿床中也有类似的现象，如 Zimbabwe 地区 Indarama Au-As-Sb 矿床，辉锑矿的均一温度变化范围为 125~280℃，石英和方解石中的均一温度变化范围为 140~350℃（Buchholz et al. 2007）；我国湘西沃溪 Au-Sb-W 矿床，辉锑矿的均一温度为 109~274℃，与辉锑矿共生石英的均一温度为 131~252℃（Zhu and Peng，2015）；我国贵州大厂锑矿床辉锑矿的盐度变化也比较大，其范围为 0.18%~19.45% NaCl equiv.（苏文超等，2015）。

主成矿期辉锑矿的均一温度变化范围为 112~325℃，盐度为 0.18%~15.37% NaCl equiv.，且有部分包裹体的均一温度大于 200℃，甚至超过 300℃；脉石矿物（石英、萤石、重晶石）的均一温度变化范围为 119~366℃，盐度为 0.18%~4.18% NaCl equiv.，也有部分样品超过 300℃。推测主成矿期的流体属于中温、中低盐度的流体。

（2）共生矿石矿物和脉石矿物的对比

根据本次对锡矿山矿区主成矿期的矿石矿物（辉锑矿）和脉石矿物（石英、萤石、重晶石）流体包裹体研究发现，即使在手标本中表现为紧密共生的矿石矿物和脉石矿物，也具有明显不同的包裹体类型、均一温度和盐度。辉锑矿中的包裹体只有Ⅰ型和Ⅱ型两类，但是脉石矿物中Ⅰ型、Ⅱ型、Ⅲ型、Ⅳ型四类包裹体均有发育。锡矿山矿区辉锑矿包裹体的均一温度集中于 120~240℃，盐度范围变化较大，为 0.18%~15.37% NaCl equiv.；但是脉石矿物具有较高的均一温度，有接近一半样品的均一温度大于 240℃，但是脉石矿物具有较低的盐度，大部分盐度<2.0% NaCl equiv.。与锡矿山矿区类似，澳大利亚 Wiluna 脉型金矿床中矿石矿物（辉锑矿）相比脉石矿物（石英），也具有较低的均一温度以及较高的盐度（Hagemann and Lüders，2003），同时在德国 Erzgebrige 矿床的黑钨矿和石英也可见这一现象（Lüders，1996）。

对本次显微测温数据分析可见，该矿区看似共生的矿石矿物和脉石矿物，具有不同的均一温度和盐度，可能不是同时沉淀形成的，它们可能来自不同成分的两种或多种流体。石英、萤石、重晶石可能是早期从相对高温、低盐度的流体中沉淀，而辉锑矿从另一相对低温、高盐度的流体中沉淀。野外的地质现象也支持石英的形成早于辉锑矿这一结论。在锡矿山矿区的浅部中段，可见有一些长条状或放射状辉锑矿被氧化且在地下水的作用下流失，剩下硅质骨架(图5-8)。这说明早期 SiO_2 从流体中快速沉淀，形成晶形不好的硅质基座，然后含 Sb 的流体在基座的表面和裂隙中缓慢冷却、沉淀形成晶形较好的辉锑矿。

扫一扫，看彩图

图5-8　锡矿山矿区辉锑矿流失剩下的硅质骨架

5.3.2　成矿晚期

我们对成矿晚期方解石的 II 型气-液两相富液相包裹体进行了显微测温分析，其结果见表5-1。

包裹体的冰点温度从 $-0.3 \sim -4.1℃$($n=151$)，对应的盐度为 $0.53\% \sim 6.59\%$ NaCl equiv.[图5-9(a)]，大部分集中于 $0.53\% \sim 2.0\%$ NaCl equiv.。大部分包裹体是均一到液相，其均一温度为 $109 \sim 322℃$($n=198$)，仅三个样品均一到气相，均一温度分别为 $202℃$、$241℃$、$246℃$，均一温度大多集中于 $180 \sim 260℃$ [图5-9(b)]。根据包裹体均一温度和盐度计算获得流体密度为 $0.59 \sim 0.96$ g/cm³。

该区成矿晚期脉石矿物(方解石)的均一温度变化范围为 $109 \sim 322℃$，盐度为 $0.53\% \sim 6.59\%$ NaCl equiv.，因此，成矿晚期的流体属于中温、低盐度的流体。

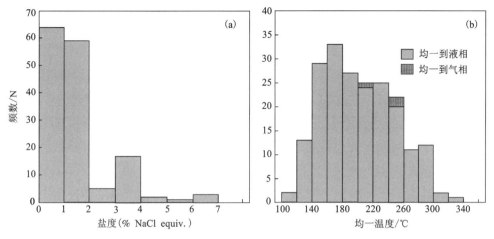

图 5-9　锡矿山矿区成矿晚期方解石包裹体的盐度(a)和均一温度(b)直方图

5.3.3　成矿后

我们对成矿后晶洞方解石的 Ⅱ 型包裹体进行了显微测温,其结果见表 5-1。

锡矿山矿区成矿后包裹体的冰点温度比较集中,从 -0.4 ~ -0.8℃($n=49$),对应的盐度集中分布在 0.71% ~ 1.40% NaCl equiv. [图 5-10(a)]。所有包裹体都是均一到液相,其均一温度为 123 ~ 237℃($n=52$),均一温度大多集中于 140 ~ 180℃[图 5-10(b)]。根据包裹体均一温度和盐度计算获得流体密度为 0.76 ~ 0.92 g/cm³。

该区成矿期后方解石的均一温度变化范围为 123 ~ 237℃,盐度范围非常集中,为 0.71% ~ 1.40% NaCl equiv.,推测成矿后的流体属于低温、低盐度的流体。

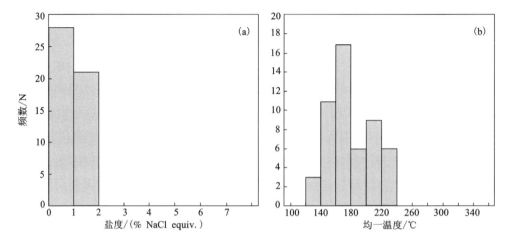

图 5-10　锡矿山矿区成矿后方解石包裹体的盐度(a)和均一温度(b)直方图

第 6 章 流体作用及其与成矿的关系

如前所述，前人已对锡矿山矿区进行了大量的研究，也意识到该区流体作用对锑成矿至关重要(解庆林，1996；解庆林等，1997；卢新卫和马东升，2003)，但对该区流体作用的期次，不同期次流体的性质和来源，流体作用的时间、方式、规模、强度，不同期次流体作用与成矿的关系，目前很少有人关注，而上述问题对认识和理解锡矿山矿区巨量矿石的堆积过程是非常关键的。因此，本书将锡矿山矿区的锑矿体、蚀变围岩和液压致裂角砾岩作为一个有机整体进行研究，系统地分析其地质、地球化学特征，并结合矿区流体包裹体的岩相学和显微测温学，分析各期次流体性质、来源、流体作用的时间、方式、规模和强度，最后探讨各期次流体作用与锑成矿的关系。

6.1 流体特征及流体作用

如前所述，该区的流体分为成矿前流体、主成矿期流体、成矿晚期流体和成矿后流体，我们根据流体产物的地质、地球化学特征和流体包裹体研究结果，下面分别探讨各期次流体性质和流体作用特征。

6.1.1 成矿前流体

(1)流体性质及来源

由前面可知，成矿前流体与围岩发生水/岩反应，即为硅质增加、去碳酸盐化的过程，且在显微镜下，硅化灰岩中零星分布着少量辉锑矿，因而流体富 Si、贫 Sb。

根据质量平衡计算(4.2.2 节)，硅化主要带入的是 SiO_2、$FeO_{(t)}$、K_2O，同时带出 CaO 和 MgO 的过程，所以硅化的过程实际上是去碳酸盐化的过程(彭建堂等，2001)。该期流体作用时，大量灰岩发生溶解，CaO 被带走，故该期流体应为一种偏酸性的溶液。

前人的研究得出，成矿前流体的温度为 250~300℃（解庆林等，1996a），表现出中温热液特征。弭希凤（2018）的研究表明，锡矿山矿区成矿前石英中 Ti 含量可达 $n×10^{-5}$，远高出成矿期石英（均小于 $1×10^{-6}$，平均 $0.3×10^{-6}$）。根据 Thomas et al.（2010）提出的石英 Ti 温度计，我们计算得到成矿前石英的形成温度为414~513℃，平均475℃，远高出成矿期的石英形成温度。

前人涉及该期流体的研究并不多，目前尚不清楚其流体来源。

（2）流体作用的时间

由前面已知，该期流体作用主要体现为灰岩发生水/岩反应蚀变成硅化灰岩，缺乏合适的定年矿物，因此，无法准确获得成矿前流体作用的准确时间。但是，根据主成矿期流体作用的时间为 156 Ma（6.1.2 节，彭建堂等，2002a），推测成矿前流体作用发生于 156 Ma 之前。

（3）流体作用的方式

该期流体作用使矿区灰岩、泥灰岩转变成硅化灰岩、硅化泥灰岩，岩石中 SiO_2 成分含量急剧增加，而 CaO 等成分含量明显较少，岩石化学成分发生了根本性的改变，矿区灰岩与硅化灰岩接触界线不平整，显微镜下交代残余结构随处可见（图 6-1），因此，该期流体作用主要为交代作用，通过水/岩反应，使该区岩石的化学成分和岩石组构发生明显改变，流体作用以化学作用为主。

 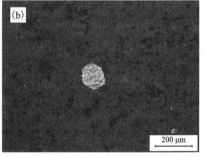

图 6-1　硅化灰岩中交代残余结构（碳酸盐岩的残留物为暗色）（彩图版见附录）

（4）流体作用的规模和强度

锡矿山矿区硅化灰岩出露面积很大，达 10 余平方公里，几乎遍及整个矿区（胡雄伟，1995）；在纵向上，硅化岩厚度一般为 50~80 m，顺层断续分布，延伸可达 1000~1500 m(解庆林, 1996), 可见成矿前流体作用波及的范围很大。据前人热力学计算结果, 如需沉淀出锡矿山矿区相对应的 SiO_2, 至少需要 $2.26×10^{16}$ g 水(解庆林, 1996), 因此, 该期流体作用的规模是非常巨大的。

该区灰岩和硅化灰岩的 SiO_2 与 CaO 呈负相关关系($y=-0.577x+53.02$), 且相关性很强($R^2=0.984$)(图 6-2)。图 6-2 可见, 样品点都集中分布在两端: 一个端元是 $w(SiO_2)<20\%$, $30\%<w(CaO)<60\%$, 对应的是灰岩; 另一个区域是 $w(SiO_2)>60\%$, $w(CaO)<20\%$, 对应的是硅化灰岩, 缺少中间过渡产物。大部分硅化灰岩的 SiO_2 含量在 80% 以上, CaO 含量则小于 20%, 甚至可接近 0, 这表明该区硅化作用是非常彻底的, 该期流体作用的 W/R 比很高, 流体作用的强度很大。

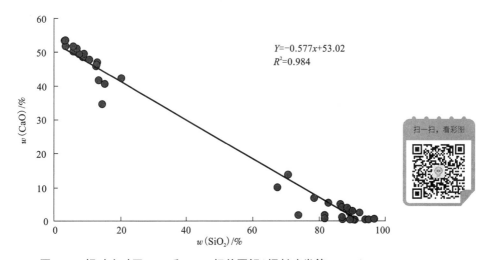

图 6-2　锡矿山矿区 SiO_2 和 CaO 相关图解(据彭建堂等, 2001)

(5)流体作用过程

硅化岩仅在 F_{75} 和 F_3 等主断层的下盘出现, 在矿区深部主要依附于断层, 呈侧羽状产出; 在矿区浅部呈层状、似层状, 往东顺层延伸; 且在断裂带附近厚度大, 远离断裂带往东厚度减小, 以致尖灭(解庆林, 1996)。故成矿前的热液流体应来自矿区深部, 沿着断层 F_{75} 和 F_3 运移至矿区浅部, 然后自西往东顺层流动。

因此, 该期流体作用可概括为: 在 156 Ma 之前, 富 Si、贫 Sb, 偏酸性的中高温热液, 从矿区深部往地表、自西向东运移, 同时与矿区灰岩发生强烈的水/岩反应, 最终形成锡矿山矿区大规模的硅化灰岩, 其流体作用的规模最大, 强度也最高。

6.1.2 主成矿期流体

（1）流体性质

主成矿期流体的产物为硅质胶结的角砾岩和形成了占矿区矿石总量 80% 以上的石英-辉锑矿型矿石，因此，该期流体具有富 Si、富 Sb 的特征。

根据该区主成矿期方解石的稀土元素含量（表 4-1），得到锡矿山主成矿期方解石的稀土元素配分模式图（图 4-5）。方解石中的稀土元素是通过与 Ca^{2+} 发生类质同像进入到方解石晶格之中，据前人的研究，LREE 的离子半径比 HREE 更接近 Ca^{2+}，推测方解石中应更富集 LREE（彭建堂等，2004）。但这与该期方解石 REE 特征明显不符。可能说明该区主成矿期流体富集 MREE 和 HREE。

成矿流体中的 Sr 同位素是源区 Sr 同位素组成和流体所经 Sr 同位素的叠加，包含了流体源区及所经途径的信息。锡矿山主成矿期方解石的 Sr 含量和 Sr 同位素明显不同于矿区灰岩和区域灰岩的 Sr 含量和 Sr 组成。该期方解石的 Sr 含量均高于 600 μg/g，其 $^{87}Sr/^{86}Sr$ 为 0.71212～0.71282（图 6-3），明显高于矿区灰岩（0.70988～0.71074）和区域灰岩（0.70793～0.70853），说明主成矿期的成矿流体富放射成因的 ^{87}Sr。

扫一扫，看彩图

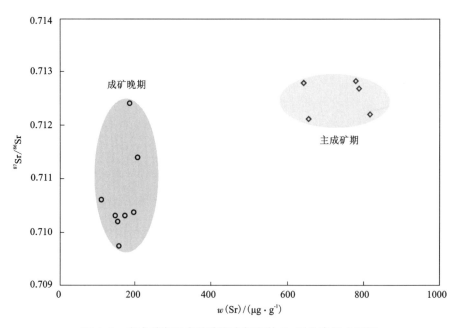

图 6-3　主成矿期和成矿晚期方解石的 Sr 同位素组成图解

锡矿山矿区主成矿期流体的 O 同位素明显低于矿区灰岩和区域灰岩（表 4-3），说明成矿期流体贫^{18}O。

稀土元素 Eu 和 Ce，由于具有变化的价态，可用来探讨流体的性质。锡矿山矿区主成矿期方解石除 XN3-11 外，其余方解石的 δEu 为 0.551~0.934，均表现出负 Eu 异常（图 4-5）。在还原的化学环境中，Eu^{3+}转化为Eu^{2+}，如其他含 Ca 矿物一样，方解石能优先富集REE^{3+}，而Eu^{2+}离子不易进入方解石中，从而导致负 Eu 异常的产生。成矿流体中Eu^{2+}的存在，说明该期流体应为一种氧逸度较低的还原性溶液。

根据 5.2.1 节流体包裹体研究，该期流体的温度为 112~366℃，盐度为 0.18%~15.37% NaCl equiv.，具中温、中低盐度的特征。

金景福（2002）测定主成矿期石英中流体包裹体的 pH 为 6.6~6.9，解庆林（1996）测得该期方解石流体包裹体的 pH 为 8.37，可知该期流体为一种中性偏弱碱性的热液。

综上所述，锡矿山主成矿期的成矿流体应是一种富 Si、富 Sb、富 MREE 和 HREE、富放射成因^{87}Sr、贫^{18}O、中性-弱碱性、中温、中低盐度、还原性流体。

（2）流体来源

锡矿山矿区矿物组合非常简单，缺乏含 Rb 的矿物，且方解石中的 $w(Rb)/w(Sr)$ 值非常低（彭建堂等，2001），因此，可排除由 Rb 衰变形成的放射成因^{87}Sr。据前人的研究，成矿流体中的富放射成因^{87}Sr 主要来自酸性火成岩和高 $w(Rb)/w(Sr)$ 比值的碎屑岩（彭建堂等，2001）。

在锡矿山矿区及周边，未见有酸性火成岩出露，仅有一条规模较小的煌斑岩脉出露，且煌斑岩的^{87}Sr/^{86}Sr 为 0.71013~0.71041（胡阿香和彭建堂，2016），低于成矿期流体的 Sr 同位素组成。因此，主成矿期流体富放射成因^{87}Sr 可能来源于矿区深部的碎屑岩。湘中地区及毗邻的雪峰山一带，新元古界出露广泛，其^{87}Sr/^{86}Sr 组成为 0.71306~0.72874（湖南地矿局，1998），具有提供富放射成因^{87}Sr 的潜力。我们对锡矿山煌斑岩的捕获锆石 U-Pb 年龄研究也证实，该区所在的湘中盆地深部确实发育有前寒武系的浅变质碎屑岩（彭建堂等，2014）。因此，该期流体应来自或流经盆地深部的基底。

该期方解石的 $\delta^{13}C_{PDB}$ 为-4.30‰~-8.20‰，主要分布于-7‰附近（图 6-4），与岩浆来源或深部来源碳的组成（-6‰~-8‰）相似，暗示可能有深源物质参与其成矿（彭建堂和胡瑞忠，2001）。

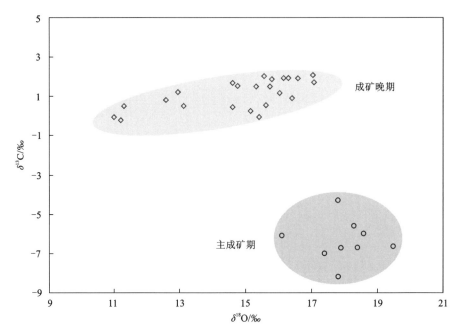

图 6-4　锡矿山成矿期方解石的 C-O 同位素图解(据 Peng et al.，2003)

　　由 H-O 同位素组成图解(图 6-5)可见，锡矿山矿区主成矿期流体的 H 同位素比较集中，但是 O 同位素分布范围较宽，推测该区存在 O 同位素漂移的现象。主成矿期流体的 H、O 同位素分布在变质水范围和大气降水附近。岩浆岩在矿区出露较少，仅在矿区东部有一条煌斑岩脉，且矿区周边均没有岩体出露；矿区的赋矿围岩为碳酸盐岩，且该套碳酸盐岩地层在湘中盆地至少厚达 5 km；同时根据矿区 H、O 同位素组成，以及成矿期流体贫^{18}O、存在 O 同位素漂移，说明成矿流体主要为大气降水。

　　由上可知，锡矿山矿区主成矿期的流体应是一种经深部循环、高度演化的大气降水。

　　(3)流体作用的时间

　　前人对该区主成矿期方解石进行了 Sm-Nd 同位素定年(图 6-6)，得到其等时线年龄为(155.5±1.1)Ma(彭建堂等，2002a)，因此主成矿期流体作用的时间为 156 Ma 左右，该时间与南岭一带钨锡矿床和湘南一带铜铅锌矿床的形成时间相当吻合，后者形成时间为 150~160 Ma(Peng et al.，2006；彭建堂等，2008；Yuan et al.，2008；Huang et al.，2015)。

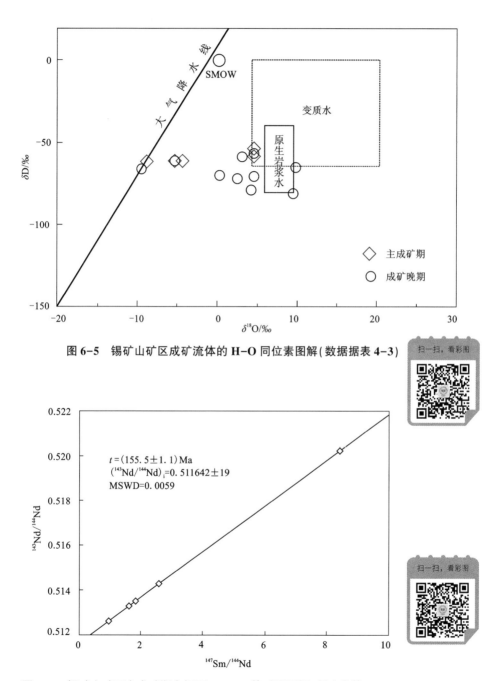

图 6-5　锡矿山矿区成矿流体的 H-O 同位素图解（数据据表 4-3）

图 6-6　锡矿山矿区主成矿期方解石 Sm-Nd 等时线图解（彭建堂等，2002a）

尽管 150~160 Ma 是华南地区中生代花岗岩大规模侵入时间，但至今为止，湘中地区至今未发现有晚于 190 Ma 的花岗岩出露，该区花岗岩主要形成于印支期(200~225 Ma)，少量形成于加里东期。

(4)流体作用的方式、规模和强度

正如前所言，该期流体作用产物为硅质胶结角砾岩和石英-辉锑矿型矿石，流体一方面通过液压致裂的方式将硅化灰岩破碎，另一方面在合适的空间主要通过充填的方式形成锑矿体；角砾岩中角砾与胶结物的界线模糊、角砾棱角缺失(图 4-16)，说明该期流体作用以液压致裂和充填等物理作用为主，同时还伴有化学溶蚀作用。

在锡矿山矿区，硅质胶结的角砾岩，产状比较平缓，硅化灰岩角砾的长轴方向，大体与地层走向一致[图 4-14(a)]，说明该期流体是以水平方向的迁移为主。

主成矿期流体形成了矿区 80% 以上的锑矿石，表明该期流体作用的规模较大、强度较高。

(5)流体作用过程

该期流体作用过程可概括为：主成矿期的流体为 156 Ma 前来自深部循环的大气降水，形成一种富 Si、富 Sb、富 MREE 和 HREE、富放射成因^{87}Sr、贫^{18}O、弱酸性的中温、中低盐度、高压流体，沿水平方向迁移，通过液压致裂和充填的方式，在矿区浅部形成大面积的角砾岩和石英-辉锑矿型矿石；该期流体作用的规模较大、强度较高。

6.1.3 成矿晚期流体

(1)流体性质

正如前所言，成矿晚期流体的产物主要为方解石胶结的角砾岩和方解石-辉锑矿型矿石，该类矿石约占矿区矿石总量的 20%，因此，该期成矿流体应为富Ca、中等富 Sb 的热液。

该区成矿晚期方解石的 REE 配分模式为 MREE、HREE 富集、LREE 亏损的左倾模式(图 4-6)。方解石的稀土元素是通过与 Ca^{2+} 发生类质同像进入的，说明锡矿山矿区成矿晚期的流体富 MREE 和 HREE。

该区成矿晚期方解石^{87}Sr/^{86}Sr 为 0.70974~0.71241(图 6-3)，明显高于矿区灰岩(0.70988~0.71074)和区域灰岩(0.70793~0.70853)，但明显小于早期方解

石,说明成矿流体富放射成因[87]Sr。

成矿晚期方解石 C、O 同位素如图 6-4 所示,$\delta^{13}C_{PDB}$ 变化范围较窄(-0.20‰~2.08‰),$\delta^{18}O_{SMOW}$ 变化较宽(11.0‰~17.1‰),且两者近似呈正相关关系(图 6-4)。成矿晚期流体的 H、O 同位素明显低于矿区灰岩和区域灰岩,表明该期成矿流体贫[18]O。

据前人的研究,该期流体的 pH 值为 7.67~9.39(解庆林,1996),表现出弱碱性的特征。

该期方解石所有样品均表现出负 Eu 异常(图 4-6)。在还原条件下,Eu^{3+} 转化为 Eu^{2+},如其他含 Ca 矿物一样,方解石能优先富集 REE^{3+},而 Eu^{2+} 离子不易进入方解石中,从而导致负 Eu 异常的产生。因而,负 Eu 异常,说明该期流体应形成于一种还原环境。

根据 5.2.1 流体包裹体研究可知,成矿晚期的流体温度为 109~322℃,盐度为 0.53%~2.0% NaCl equiv.,表明该期流体为中温、低盐度的热液。

综上所述,该期流体应是一种富 Ca、中等富 Sb、富 MREE 和 HREE、相对富放射成因[87]Sr、贫[18]O、弱碱性、中温、低盐度、还原性热液。

(2)流体来源

与主成矿期相似,富放射成因的[87]Sr 的可能也是来自湘中盆地深部的元古界基底。

根据成矿晚期流体的 H 同位素比较集中,但是 O 同位素分布范围较宽(图 6-5)的特征,推测该区存在 O 同位素漂移的现象。在 H-O 同位素图解中,成矿晚期流体的 H、O 同位素在变质水、原生岩浆水和大气降水范围均有分布。基于与主成矿期相同的理由,可推断该期流体应来源于经深部循环的大气降水。

(3)流体作用时间

我们对该区成矿晚期方解石进行了 Sm-Nd 同位素定年(图 6-7),得到了其等时线年龄为(124.1±3.7)Ma(彭建堂等,2002a),因而锡矿山矿区成矿晚期流体作用的时间为 124 Ma 左右。

(4)流体作用的方式、规模和强度

如前所述,该期流体作用的产物为方解石胶结的角砾岩和方解石-辉锑矿型矿石,流体一方面通过液压致裂的方式将弱硅化的灰岩破碎,另一方面在合适的空间通过充填的方式形成锑矿体;角砾岩中角砾与胶结物的界线清晰、角砾棱角分明(图 4-19),说明该期流体作用主要体现为液压致裂和充填等物理作用。

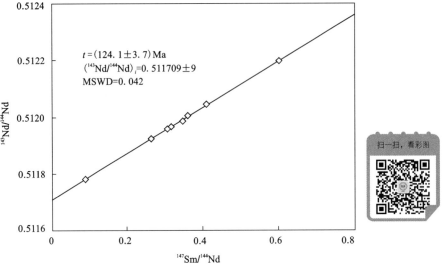

图 6-7　锡矿山矿区成矿晚期方解石 Sm-Nd 等时线图解(彭建堂等, 2002a)

　　方解石胶结角砾岩产状相对较陡,其长轴方向与地层的方向大角度斜交[图 4-17(a)、(b)],说明该期流体是以纵向迁移为主。

　　成矿晚期流体作用仅形成了矿区 20% 的锑矿石,且主要分布于矿区的深部中段,表明该期流体作用的规模较小、强度较低。

　　(5)流体作用过程

　　该期流体作用过程可概括为:成矿晚期的流体为 124 Ma 前经深部循环的大气降水,是一种富 Ca、中等富 Sb、富 MREE 和 HREE、富放射成因 ^{87}Sr、贫 ^{18}O、弱碱性、中温、低盐度流体,流体运动以纵向迁移为主,通过液压致裂和充填的方式,在矿区深部形成方解石胶结的角砾岩和方解石-辉锑矿型矿石;该期流体作用的规模较小、强度较低。

6.1.3　成矿后流体

　　(1)流体性质

　　成矿后流体主要是形成方解石脉和晶洞方解石,且没有辉锑矿的产出,流体应为富 Ca、无 Sb 的溶液。

　　据 5.2.1 节流体包裹体研究得知,成矿后流体的温度为 123 ~ 237℃,盐度为

0.71%~1.40% NaCl equiv.，为一种低温、低盐度的流体。

前人测得该期方解石的 pH、Eh 值分别为 8.98~9.31 和 -1.22~-1.41（解庆林，1996），为弱碱性、弱还原的环境。

成矿后流体应为一种富 Ca、无 Sb、弱碱性、弱还原、低温、低盐度热液。

（2）流体来源

从图 4-13 可见，锡矿山成矿后方解石的稀土元素总量低，且明显不同于主成矿期和成矿晚期方解石的 REE，整体表现为 LREE 弱富集、MREE 和 HREE 相对亏损的特征，稀土元素配分模式为相对平坦的右倾曲线，且 REE 的分异较弱。前面已述，通常条件下方解石的 REE 应为富集 LREE、亏损 HREE 的模式，这与锡矿山矿区成矿后的方解石 REE 特征大致符合。锡矿山成矿后方解石的 REE 含量明显低于成矿期方解石，且配分模式明显与成矿期方解石不一致，这说明锡矿山矿区成矿后的流体可能与成矿期流体具有不同的来源，推测成矿后流体可能是未经深部循环的浅地表大气降水。

（3）流体作用时间

锡矿山矿区成矿后方解石的 REE 配分模式与成矿期方解石明显不同（图 4-13），其 Sm/Nd<1，该方解石不能用 Sm-Nd 同位素方法定年，因而也无法获得准确时间。但是，根据成矿晚期方解石的时间为 124 Ma（6.1.2 节，彭建堂等，2002a），推测成矿后流体作用的时间为 124 Ma 之后。

（4）流体作用方式

成矿后以方解石脉和晶洞方解石为主，且晶洞中的方解石与围岩的界线清晰[图 4-11（a）、（b）]，说明成矿后流体作用为以充填为主的物理作用。

（5）流体作用的规模和强度

成矿后的方解石脉主要产于矿区边部或矿区的深部中段，尤其是飞水岩矿床 23 中段以下，相比于成矿前流体、主成矿期流体和成矿晚期流体，其规模和强度是最弱的。

（6）流体作用过程

该期流体作用过程可概括为：在 124 Ma 之后，一种来自大气降水的富 Ca、无 Sb、弱碱性的低温热液，在矿区以充填的方式形成方解石脉和晶洞方解石；该期流体作用的规模最小，强度也最低。

6.2 流体作用与锑成矿的关系

正如前所述，流体作用是地壳中最常见的地质作用之一，全球大部分金属矿床为热液矿床，热液矿床的形成离不开流体作用。锡矿山矿区存在多期次的流体作用，不同期次流体对该区成矿过程中所起的作用是不同的。

6.2.1 成矿前

由于流体的作用，近矿围岩的矿物组成、化学组成、显微组构、物理性质和化学性质均可能发生改变，从而导致其物理-力学性质相应地发生改变，有的蚀变岩石变得更加致密坚硬，有的则表现为岩石孔隙度增加、抗压强度明显降低或脆性明显增加(章邦桐等，1995)。

在锡矿山矿区，由于大规模的水/岩反应，灰岩发生硅化变为硅化灰岩，硅化灰岩为脆性岩石，容易产生形变，为后期高压流体将岩石破碎提供了条件。另外，背斜核部的硅化灰岩受构造作用发生破裂，为后期锑矿的沉淀提供了场所。

6.2.2 主成矿期

主成矿期的流体与成矿的关系最为密切，含矿流体从深部往浅部运移，运移至地表或地下浅部时，自矿区西部往东部运移。主成矿期的高压流体通过物理作用将矿区佘田桥组和部分棋梓桥组的硅化围岩破碎，为含矿流体在该区沉淀提供必需的空间。含矿流体一方面通过物理作用和化学作用将先前破碎的硅化围岩胶结形成硅质胶结的角砾岩，另一方面在浅部合适的空间发生沉淀，形成占矿区矿石总量的80%以上的品位高、矿化连续性好的石英-辉锑矿型矿石。

6.2.3 成矿晚期

成矿晚期流体与成矿的关系也较密切，流体也是从矿区深部由下往上运移，运移至矿区浅部时，再自西往东运移，但是该期流体作用大部分发生在主成矿期流体作用的下方。成矿晚期的流体一方面将矿区深部的弱硅化灰岩破碎并通过物理作用胶结，形成方解石胶结的角砾岩，另一方面在深部破碎带中形成品位较低、矿化不连续的方解石–辉锑矿型矿石。

6.2.4　成矿后

　　该阶段主要形成方解石脉和晶洞方解石，没有锑矿化，所以，该期流体作用与成矿无关。

第7章　巨量矿石堆积机制

7.1　矿石沉淀机制

由于本书仅研究了主成矿期辉锑矿中的包裹体，且矿区80%以上的辉锑矿是形成于主成矿期，因此，本书重点分析主成矿期矿石的沉淀机制。

7.1.1　脉石矿物

在古热液系统中，温度或压力的变化、水/岩反应、流体混合、流体沸腾等机制均可能使矿物从热液中沉淀（Richardson and Holland，1979；Rimstidt，1997；Wilkinson，2001）。

在锡矿山矿区，根据不同的均一温度对应相同的盐度[图7-1(a)]，封闭系统简单的冷却似乎是脉石矿物沉淀的有效机制。但是，这些脉石矿物，尤其是石英，结晶程度很差，颗粒细小，因而这一机制可排除。该区主成矿期的方解石和萤石的REE配分模式相对稳定（彭建堂等，2004；林芳梅等，2015），表明成矿体系应为一开放体系，也可排除简单冷却是该区脉石矿物沉淀的主要机制。

在锡矿山矿区，脉石矿物往往是充填在硅化灰岩的裂隙中，且矿物与硅化灰岩的界线清晰，显微镜下也没有观察到交代结构，因而水/岩反应也不是锡矿山矿区脉石矿物沉淀的主要机制。

沸腾和混合是地热系统中导致矿物发生沉淀的两种重要机制（Giggenbach and Stewart，1982；Guillemette and William-Jones，1993；Skinner，1997；Bailly et al.，2000；Wilkinson，2001）。锡矿山矿区主成矿期的脉石矿物（石英、萤石、重晶石）表现出相似的盐度、变化较大的均一温度[图7-1(a)]，且该区的脉石矿物在均一温度-盐度的散点图中，没有相关性，可排除流体混合是其主要沉淀机制[图7-4(a)]。

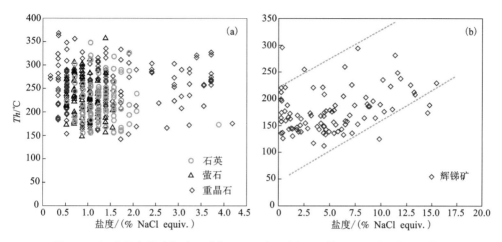

图 7-1　锡矿山主成矿期脉石矿物(a)和矿石矿物(b)的均一温度-盐度散点图

　　根据脉石矿物流体包裹体岩石学和显微测温数据,可推测沸腾是该区脉石矿物沉淀的主要机制。脉石矿物在同一视域内可见不同气/液比的流体包裹体。在本次研究中主要可见两类流体包裹体组合:(1)萤石中同一视域有Ⅰ、Ⅱ、Ⅳ三类包裹体[图 5-3(e)];(2)重晶石颗粒中同一视域也可见Ⅰ、Ⅱ、Ⅲ、Ⅳ型四类包裹体[图 5-3(h)~(i)],且同一视域的Ⅱ、Ⅲ型流体包裹体,无论是均一到气相还是液相,具有相似的均一温度[图 5-7(b)],暗示流体发生过沸腾作用(Ramboz et al.,1982;Kerkhof and Hein,2001;Wilkinson,2001)。脉石矿物的流体包裹体的这些特征,反应出沸腾作用可能是导致其沉淀的主要机制。

　　在脉型金矿床中,石英脉中压力或温度的降低,往往会导致相分离(沸腾)的产生(Robert and Kelly,1987;Diamond,1990;Ridley and Diamond,2000;Zhu and Peng,2015)。沸腾作用的出现大部分是由于断裂带中流体压力的急剧降低而引起的(Sibson et al.,1988;McCuaig and Kerrich,1998;Wilkinson,2001)。在锡矿山矿区主成矿期的热液系统中,这种机制也极有可能引起沸腾作用:①矿区液压致裂角砾岩广泛发育(刘守林等,2017),这些角砾岩通常是被石英-辉锑矿或方解石-辉锑矿胶结,这说明在锡矿山矿区存在着超压成矿流体;②锡矿山矿区成矿流体的压力变化于 6.27~200.47 bar(1 bar=0.1 MPa,见 7.2 节),说明在锑矿化时该区存在较大的压力变化;③前面第二章已经述及,该区位于 NE 向的桃江—城步深大断裂和 NW 向隐伏的新化—涟源深大断裂带的交汇处，流体从深部沿断裂带上升到这一独特的构造位置时，易引起流体压力的突然降低，从而诱发沸腾作用的产生。

7.1.2 矿石矿物

在很多热液矿床中，引起矿石矿物发生沉淀的主要机制是沸腾作用和流体混合作用（Wilkinson，2001）。已有的研究发现，辉锑矿的溶解度是温度的函数，是随着温度的升高而增大（Wood et al.，1987；Krupp，1988；Spycher and Reed，1989；Zotov et al.，2003）；当温度降低 50℃时，辉锑矿的溶解度将降低一个数量级（Hagemann and Lüders，2003），因此冷却一直被认为是锑矿石最重要的沉淀机制之一（Krupp，1988；Hagemann and Lüders，2003；Zotov et al.，2003）。成矿流体的冷却主要可通过流体混合和减压（单纯冷却，adiabatic cooling）两种方式来实现（Hagemann and Lüders，2003）。由于在地壳环境中缺乏较大的温度差异，热液矿床在有限的空间内单纯靠冷却很难导致其发生大规模的矿物沉淀（张德会，1997；Wilkinson，2001）。因此，只通过单纯冷却作用，要在锡矿山矿区不足 16 km^2 的范围内沉淀 250 万吨以上的锑，几乎是不可能实现的。因而，推测流体混合导致的冷却作用，可能是锡矿山矿区矿石沉淀的最有效的机制。

锡矿山大部分辉锑矿样品在均一温度和盐度的散点图中具有较好的正相关性［图 7-1（b）］，这进一步指示流体的混合作用是该区辉锑矿的主要沉淀机制。图 7-1（b）中均一温度和盐度呈正相关可能指示出两种端元流体（高温、高盐度流体和低温、低盐度流体）的混合（Wilkinson，2001）。结合前人对赋矿灰岩、硅化灰岩、脉石矿物和煌斑岩的 Sr 同位素和 Nd 同位素研究（彭建堂等，2001，2002b），得出成矿物质来自前寒武系基底，因此这种高温、高盐度端元的流体应是经深部循环、高度演化的地下水，它流经深部浅变质碎屑岩基底时，萃取成矿元素 Sb，成为富 Sb 的成矿流体；根据 O 同位素的研究，发现该区辉锑矿沉淀的成矿流体其 $\delta^{18}O$ 值可低至-4.2‰（刘文均，1992），另外石英和重晶石的 O 同位素也证实主成矿期流体有负值的 $\delta^{18}O$（刘文均，1992），均指示大气降水参与了该区主成矿期的锑成矿事件。因此，低温、低盐度端元的流体应是下渗的大气降水。热液流体与浅部冷的大气降水混合，将导致其温度急剧下降，从而使成矿流体中辉锑矿的溶解度降低数个数量级（Krupp，1988；Zotov，2003；Obolensky et al.，2007），溶解度的急剧下降将使热液中辉锑矿的不饱和度降低，直至饱和并最终导致辉锑矿沉淀。因此,由流体混合导致的降温作用,是该区辉锑矿发生沉淀的主要机制。此外,辉锑矿的混合形成机制,可以很好地解释锡矿山矿区品位高的锑矿主要产于地表或者地下浅部这一地质现象。

因此,锡矿山矿区主成矿期辉锑矿的沉淀是由于流体混合导致的降温作用所致,但主成矿期脉石矿物的沉淀则是由于压力降低引起的沸腾作用。

7.2　成矿压力计算

前人的研究显示,流体发生沸腾作用时,可根据流体包裹体的温度和盐度获得流体的沸腾压力(Ruggieri et al.,1999;Yoo et al.,2010;Wei et al.,2012)。锡矿山矿区主成矿期的脉石矿物(石英、萤石、重晶石)是沸腾作用形成的,尤其是重晶石中包裹体特别发育,同一视域具有不同气/液比的现象非常普遍。因此,本次选取重晶石 7 组有代表性的流体包裹体组合,来计算流体的沸腾压力。这 7组流体包裹体组合的均一温度变化范围是 161.6~362.9℃,盐度的变化范围是0.18%~3.23% NaCl equiv.,根据段振豪关于流体压力的在线计算程序(www.geochem-model.org),计算得到锡矿山矿区主成矿期流体的沸腾压力为 6.27~200.47 bar,稍低于杨瑞琰等(2003)的模拟结果(180~500 bar)。因此,根据脉石矿物(尤其是重晶石)测得的流体包裹体显微数据,得到锡矿山主成矿期沉淀出脉石矿物的流体具有低盐度(<5% NaCl equiv.)、中温(118.6~366.3℃)特征,流体沸腾时的压力约为 20 MPa。这一研究结果与法国 Massif Central 锑矿低盐度(<6% NaCl equiv.)、中温(150~260℃)、低压(约 10 MPa)的结果相当吻合(Bril,1982;Munoz and Shepherd,1987)。

7.3　矿石巨量堆积机制

矿石巨量的堆积须满足以下四个条件:(1)充足的矿源;(2)大规模的流体作用;(3)理想的成矿场所;(4)有效的沉淀机制。下面从这四个方面对锡矿山超大型矿床的形成机理进行分析。

7.3.1 充足的矿源

充足的矿源是形成超大型矿床的前提条件，在成矿过程中，只有成矿物质源源不断地供给，才有可能发生巨量的矿石堆积。锡矿山锑矿虽然赋存于泥盆系中，但泥盆系地层中 Sb 含量并不高，为 $0.68\times10^{-6}\sim2.26\times10^{-6}$，平均含量小于 1.0×10^{-6}（湖南地矿局物化探院，1996），很明显泥盆系地层无法提供矿区巨量的 Sb 矿。该区基底地层中新元古界冷家溪群、板溪群马底驿组和五强溪组 Sb 的含量分别为 $1.1\times10^{-6}\sim2.6\times10^{-6}$（解庆林，1996）、$2.0\times10^{-6}\sim2.4\times10^{-6}$ 和 $1.6\times10^{-6}\sim2.4\times10^{-6}$（何江和马东升，1996），远高于陆壳中 Sb 的丰度（0.28×10^{-6}）（Rudnick and Gao，2003），这一元古界基底具备为该区提供丰富物源的能力。自 20 世纪 90 年代以来，随着研究的不断深入，人们利用 Sr、Nd 同位素（彭建堂等，2001，2002）和 Pb 同位素（马东升等，2003）、微量元素和实验地球化学（马东升等，2002）等手段，发现锡矿山锑矿床的成矿金属锑主要来自湘中盆地深部的前寒武系基底，煌斑岩中锆石的 U-Pb 定年结果（彭建堂等，2014）和最新的 Hg 同位素研究（Fu et al.，2020a）均证实前寒武系基底为赋矿层位。

湘中地区元古界碎屑岩基底中不仅 Sb 含量高，且 Sb 的存在形式容易被活化，发生迁移。人们从实验角度证实了湖南元古界基底碎屑岩中的成矿元素锑的确容易被流体萃取（牛贺才和马东升，1991；何江和马东升，1996；解庆林，1996；解庆林等，1998；马东升等，2002）。前人实验表明，随着温度的升高，该区碎屑岩基底地层中 Sb 的淋滤率不断增大。温度为 100~150℃ 时，Sb 的淋滤率较低（12.5%）；当温度为 150~250℃ 时，Sb 具有较高的淋滤率（77.9%）（解庆林，1996；何江和马东升，1996）。且当流体中含有（NH_4）$_2$S 等介质时，Sb 的淋滤率可高达 91.7%；相比于泥灰岩地层，碎屑岩地层 Sb 的淋滤率较高，最高可达 100%（何江和马东升，1996）。

本书第 5 章流体包裹体显微测温得出，该矿区成矿流体的温度往往是高于 250℃，还有一部分是超过 300℃，可达 366℃，推测主成矿期和成矿晚期 Sb 均具有较高的淋滤率。主成矿期成矿流体的温度要明显高于成矿晚期，因而主成矿期 Sb 的淋滤率更高，与该区主成矿期的矿石量占总矿石量80%这一事实相当吻合。

7.3.2 大规模的流体作用

大量的研究表明，自然界中大部分金属元素富集成矿，需借助流体的搬运作用(Barnes，1979，1997；Robb，2005；张德会，2015)，没有流体的作用，矿质不可能仅依靠扩散机制发生富集成矿，更不可能形成诸如锡矿山之类的超大型矿床，超大型热液矿床的形成实际上是大规模流体作用的结果(Borisenko and Obolensky，1994)。整个湘中盆地(包括邵阳盆地和涟源盆地)的面积可达 24000 km^2，基底地层中的锑仅在面积不到 16 km^2 的锡矿山矿区发生巨量堆积，显然该区经历了大规模、多期次的流体作用。锡矿山矿区不同期次流体产物特征、流体性质及流体作用特征在本书前面已详细探讨，该矿区不仅流体作用期次多，且成矿前、主成矿期和成矿晚期的流体作用规模都是非常巨大的。

锡矿山矿区硅化灰岩的分布面积约为 10 km^2，厚度平均约为 50 m(胡雄伟，1995)，SiO_2 的溶解度为 $1.6911×10^{-3}$ mol/L(400℃，偏酸性条件下)，且保守估计硅化灰岩中 SiO_2 的含量为 80%，通过计算获得要形成如此大规模的硅化灰岩，至少需要 $5.2×10^{17}$ g H_2O，对比发现，成矿前流体的质量要远高于黄河一年的水流量(约为 $5.8×10^{16}$ g)。

锡矿山锑矿的总量为 300 万吨，主成矿期占 80%，流体中 Sb 浓度约为 $701×10^{-4}$ mol/(kg H_2O)(350℃，成矿流体为饱和状态)(Zotov et al.，2003)，计算得知主成矿期至少需要 $2.8×10^{14}$ g H_2O。

成矿晚期 Sb 矿占总量的 20%，流体中 Sb 浓度为 $52.2×10^{-4}$ mol/(kg H_2O)(210℃，成矿流体为饱和状态)(Zotov et al.，2003)，通过计算可知成矿晚期流体的质量至少为 $9.4×10^{14}$ g H_2O。

课题组成员对锡矿山矿区角砾岩形成过程的数值模拟结果显示(伍华进，2017)：模型中流体的通量很大，具有由高孔压向低孔压流动的趋势，且集中分布于靠近西部大断裂右侧边界附近及硅化灰岩地层中。

7.3.3　理想的成矿场所

锡矿山矿区所处的构造条件为大规模流体的运移和聚集提供了必不可少的条件；同时矿区发育的独一无二的地层组合，为含 Sb 流体在狭窄的范围内汇聚提供了独特的条件。

(1)良好的构造条件

在大地构造位置上，锡矿山位于扬子地块与华夏地块大地构造单元的过渡带，它有利于两侧不同块体之间物质和能量的交换以及流体的汇聚。在构造应力上,锡矿山处于挤压-隆起区(雪峰山)与拉张-陷落区(湘中盆地)的交换带,是应力发生转换的部位,这种应力转换部位有利于流体的大规模聚集(靳西祥,1993)。

区域构造上,锡矿山矿区所处的位置有利于大规模流体从深部运移至浅部:锡矿山处于 NE 向的桃江—城步断裂与 NW 向的新化—涟源断裂的交汇部位,在平面上受大型线性构造及其交汇区的控制(图2-1)。其中桃江—城步断裂是岩石圈断裂带,切穿地壳深达软流圈(饶家荣等,1993),这种连接软流圈的断裂带有利于深部流体往上运移;新化—涟源断裂是切穿基底的隐伏断裂带,来自软流圈的流体运移至断裂交汇处时压力降低,流体速度增大,有利于萃取基底的成矿物质并继续往上运移。

成矿流体自矿区深部,沿着西部大断裂(桃江—城步断裂带的一部分)运移至矿区浅部,然后自西往东顺层流动。这与矿体的发育形态相当吻合:矿区断裂带附近矿体厚度大,矿石品位高;远离断裂带往东厚度减小,以致尖灭(图3-11)。

(2)完美的岩性组合

前人的研究表明,锑矿床的赋矿部位需满足以下条件(斯特罗纳,1982;雅柯甫列夫,1991):①具有中和含矿溶液的能力;②足够空隙的容矿岩层;③有不渗透的遮挡层。锡矿山矿区赋矿的岩性组合为砂岩-灰岩-页岩:下部为砂岩段,厚45 m,岩石的渗透性较高;中部灰岩夹砂岩、页岩段,厚220 m,为主要的含矿段,渗透性降低;上部为页岩段,厚40 m,渗透性较差,与锡矿山长龙界页岩构成矿区总屏蔽层,使锑矿化主要限于其下伏岩层中。锡矿山矿区发育从滨海相向浅海相过渡的砂岩-灰岩-页岩,为 Sb 的成矿构成一套非常完美的"运-储-盖"的"成矿圈闭"。这满足了锑成矿最理想的赋矿岩性组合。

含 Sb 的流体能在锡矿山矿区发生沉淀,还离不开另一种岩性组合:中部220 m 厚的灰岩夹砂岩、页岩段是一套由页岩或泥质、含泥质岩石-灰岩或泥质灰岩、泥灰岩-砂质或粉砂质岩组合的多韵律岩。该岩性段可分为 27 个小层,每一层硅化灰岩上覆均有一层页岩相邻发育,构成遮挡层,因而矿区存在多达14层的矿化,此外,锡矿山的矿体多为层状、似层状[图3-11、图3-12(a)、(d)],且硅化灰岩中往往可见呈梳状发育的辉锑矿[图4-1(d)]。

7.3.4 有效的沉淀机制

仅有大规模流体作用和流体汇聚显然还不足以形成一个超大型且品位高的热液矿床，必须具备有效的沉淀机制才能使矿石发生大规模沉淀，最终形成矿石的巨量堆积(Gaëtan et al.，2018)。已有的研究表明，简单冷却所需的条件为成矿物质须饱和，且成矿流体温度要在较小的范围发生大幅度降低，自然界很难同时满足这两个条件，因此仅靠简单冷却很难形成大型矿床(张德会，1997)；沸腾作用虽然是斑岩型矿床、脉型金矿、浅成热液矿床等矿石沉淀的主要机制之一，但它的形成须在一个小体积范围且持续时间很短($5×10^3 \sim 1×10^4$ a)，这个时间远小于一般热液矿床的形成时间($10^5 \sim 10^6$ a)(张德会，1997)，因而它不是形成金属矿床最主要的机制，对大型和超大型矿床的作用更是有限的；混合作用在各种类型的热液矿床中引起矿石沉淀的机制越来越受到研究者的重视，且其在世界上大部分大型 - 超大型矿床中均发挥着重要的作用(张德会，1997；Wilkinson，2001；Klemm et al.，2004；Wei et al.，2012；侯林等，2013；Hu ang Peng，2018)。

根据本书 7.1.2 可知，占矿石总量 80% 以上的主成矿期辉锑矿是混合作用形成的，为来自深部高温、高盐度的流体与浅部低温、低盐度的流体发生混合，这种沉淀机制的类型最有利于形成超大型矿床。

前人的研究显示，温度对 Sb 的溶解度影响较大，当温度为 350℃、200℃和90℃时溶液中 Sb 含量分别为 $701×10^{-4}$ mol/(kg H_2O)、$44.3×10^{-4}$ mol/(kg H_2O)、$3.1×10^{-4}$ mol/(kg H_2O) (Zotov et al.，2003)，计算得知，在这三种温度条件下，每 kg 水中 Sb 的含量分别为 8.535 g、0.539 g、0.038 g。很显然当温度降低100℃，Sb 的溶解度可相差 1~2 个数量级；且降低相同的温度时，温度越高，Sb 溶解度降低的幅度越大。因而高温条件有利于含 Sb 流体的搬运，同时温度对 Sb 矿的沉淀起着控制作用(胡雄伟，1994)。主成矿期的温度要高于成矿晚期，且越往浅部，温度越低，所以主成矿期在矿区浅部形成的矿化规模大、矿石品位高。

参考文献

[1] 柏道远, 贾宝华, 刘伟, 等. 湖南城步火成岩锆石 SHRIMP U-Pb 年龄及其对江南造山带新元古代构造演化的约束[J]. 地质学报, 2010, 84(12): 1715-1726.

[2] 柏道远, 贾宝华, 王先辉, 等. 湘中盆地西部构造变形的运动学特征及成因机制[J]. 地质学报, 2013, 87(12): 1791-1802.

[3] 曾允孚, 张锦泉, 刘文均, 等. 中国南方泥盆纪岩相古地理与成矿作用[M]. 北京: 地质出版社, 1993.

[4] 陈卫锋, 陈培荣, 黄宏业, 等. 湖南白马山岩体花岗岩及其包体的年代学和地球化学研究[J]. 中国科学(D 辑): 地球科学, 2007, 37(7): 873-893.

[5] 陈卫锋, 陈培荣, 周新民, 等. 湖南阳明山岩体的 LA-ICP-MS 锆石 U-Pb 定年及成因研究[J]. 地质学报, 2006, 80(7): 1065-1077.

[6] 陈勇, Ernst B A J. 流体包裹体激光拉曼光谱分析原理、方法、存在的问题及未来研究方向[J]. 地质论评, 2009, 55(6): 851-861.

[7] 谌锡霖, 蒋云杭, 李世永, 等. 湖南锡矿山锑矿床成因探讨[J]. 地质论评, 1983, 29(5): 486-492.

[8] 池国祥, 赖健清. 流体包裹体在矿床研究中的作用[J]. 矿床地质, 2009, 28(6): 850-855.

[9] 褚杨, 林伟, Faure M, 等. 华南板块早中生代陆内造山过程——以雪峰山—九岭为例[J]. 岩石学报, 2015, 31(08): 2145-2155.

[10] 戴塔根, 陈国达. 锡矿山锑矿控矿构造——"三层楼"模式及其意义[J]. 中南工业大学学报, 1999, 30(4): 342-344.

[11] 邓军, 高帮飞, 王庆飞, 等. 成矿流体系统的形成与演化[J]. 地质科技情报, 2005, 24(1): 49-54.

[12] 丁兴, 陈培荣, 陈卫锋, 等. 湖南沩山花岗岩中锆石 LA-ICPMS U-Pb 定年: 成岩启示和意义[J]. 中国科学(D 辑): 地球科学, 2005, 35(7): 606-616.

[13] 高斌, 马东升. 围岩蚀变过程中地球化学组份质量迁移计算——以湖南沃溪 Au-Sb-W 矿床为例[J]. 地质找矿论丛, 1999, 14(2): 23-29.

[14] 高翔, 沈渭洲, 刘莉莉, 等. 粤北 302 铀矿床围岩蚀变的地球化学特征和成因研究[J].

岩石矿物学杂志，2011，30（1）：71-82.

[15] 郭顺，叶凯，陈意，等. 开放地质体系中物质迁移平衡计算方法介绍[J]. 岩石学报，2013，29（5）：1486-1498.

[16] 何佳乐，潘忠习，冉敬. 激光拉曼光谱法在单个流体包裹体研究中的应用进展[J]. 岩矿测试，2015，34（4）：383-391.

[17] 何江，马东升. 中低温含硫、氯水溶液对地层中金、锑、汞、砷的淋滤实验研究[J]. 地质论评，42（11）：76-85.

[18] 何明跃，楼亚儿，王璞. 湖南锡矿山锑矿床硅化作用与锑矿化关系[J]. 矿床地质，2002，21（增刊）：384-387.

[19] 侯林，丁俊，王长明，等. 云南武定迤纳厂铁-铜-金-稀土矿床成矿流体与成矿作用[J]. 岩石学报，2013，29（04）：1187-1202.

[20] 胡阿香，彭建堂. 湘中锡矿山中生代煌斑岩及其成因研究[J]. 岩石学报，2016，32（7）：2041-2056.

[21] 胡瑞忠，温汉捷，叶霖，等. 扬子地块西南部关键金属元素成矿作用[J]. 中国科学，2020，65（33）：3700-3714.

[22] 胡圣虹，胡兆初，刘勇胜，等. 单个流体包裹体元素化学组成分析新技术——激光剥蚀电感耦合等离子体质谱（LA-ICP-MS）[J]. 地学前缘，2001，8（4）：434-440.

[23] 胡雄伟. 不同体系溶液中辉锑矿溶解度特征及讨论[A]. 中国科学院宜昌地质矿产研究所所刊，1994，20：33-42.

[24] 胡雄伟. 湖南锡矿山超大型锑矿床成矿地质背景及矿床成因[D]. 北京：中国地质科学院研究生部，1995.

[25] 湖南省地矿局. 湖南省区域地质志[M]. 北京：地质出版社，1988.

[26] 湖南省地矿局区调所. 湖南省花岗岩单元-超单元划分及其成矿专属性[J]. 湖南地质，1995，8（增刊）：1-84.

[27] 华仁民，陈克荣，赵连泽. 江西银山外围地层中金的地球化学降低场及成矿意义[J]. 矿床地质，1993，12（4）：289-295.

[28] 吉让寿. 湖南锡矿山锑矿田成矿期构造特征及控矿机制[J]. 地球科学，1986，11（5）：525-532.

[29] 蒋永年. 湖南新化锡矿山锑矿床的地质特征及成因[J]. 成都地质学院学报，1963，19-35.

[30] 金福景，陶琰，曾交令. 锡矿山式锑矿床的成矿流体研究[J]. 矿物岩石地球化学通报，2001，20（3）：156-164.

[31] 金景福，陶琰，赖万春，等. 湘中锡矿山式锑矿成矿规律及找矿方向[M]. 成都：四川科

学技术出版社, 1999.

[32] 金景福. 超大型锑矿床定位机制剖析—以锡矿山锑矿床为例[J]. 矿物岩石地球化学通报, 2002, 21(3): 145-151.

[33] 靳西祥. 超大型矿床锡矿山锑矿成矿地质条件研究[J]. 湖南地质, 1993, 12(4): 252-280.

[34] 匡耀求. 湖南泥盆系成矿金属元素含量背景-兼论湖南泥盆系是否为金属矿源层[J]. 地质论评, 1991, 27(6): 537-545.

[35] 蓝廷广, 胡瑞忠, 范宏瑞, 等. 流体包裹体及石英 LA-ICP-MS 分析方法的建立及其在矿床学中的应用[J]. 岩石学报, 2017, 33(10): 3239-3262.

[36] 黎盛斯. 湘中锑矿深源流体的地幔柱成矿演化[J]. 湖南地质, 1996, 15(3): 137-142.

[37] 李国光, 倪培, 潘君屹. 花岗质岩石相关成矿系统的流体作用[J]. 矿物岩石地球化学通报, 2020, 39(3): 463-471.

[38] 李建威, 李先福. 液压致裂作用及其研究意义[J]. 地质科技情报, 1997, 16(4): 29-34.

[39] 李晓春, 范宏瑞, 胡芳芳, 等. 单个流体包裹体 LA-ICP-MS 成分分析及在矿床学中的应用[J]. 矿床地质, 2010, 29(6): 1017-1028.

[40] 李玉坤, 彭建堂, 邓穆昆, 等. 湘西合仁坪金矿床角砾岩的地质特征及形成机制[J]. 矿床地质, 2016, 35(4): 641-652.

[41] 李智明. 锡矿山锑矿成矿机理的探讨[J]. 矿床与地质, 1993, 7(34): 88-93.

[42] 梁英华. 龙山金锑矿床成矿流体地球化学和矿床成因研究[J]. 地球化学, 1991, 20(4): 342-350.

[43] 林芳梅, 彭建堂, 胡阿香, 等. 锡矿山锑矿床萤石稀土元素地球化学研究[J]. 矿物学报, 2015, 35(2): 214-220.

[44] 林肇凤, 邹国光, 傅必勤, 等. 湘中锑矿地质[J]. 湖南地质, 1987, 6(增刊): 1-33.

[45] 刘光模, 简厚明. 锡矿山锑矿田地质特征[J]. 矿床地质, 1983, 2(3): 43-50.

[46] 刘焕品, 张永龄, 胡文清. 湖南省锡矿山锑矿床的成因探讨[J]. 湖南地质, 1985, 4(1): 28-39.

[47] 刘焕品. 锡矿山锑矿床的硅化作用及其形成机制[J]. 湖南地质, 1986, 5(3): 27-36.

[48] 刘家军, 吴胜华, 柳振江, 等. 南秦岭大型坝成矿带中毒重石矿床成因新认识——来自单个流体包裹体证据[J]. 地学前缘, 2010, 17(3): 222-238.

[49] 刘建明, 顾雪祥, 刘家军, 等. 华南巨型锑矿带的特征及其制约因素[J]. 地球物理学报, 1998, 41(增刊): 206-215.

[50] 刘建明, 刘家军. 滇黔桂金三角区微细浸染型金矿床的盆地流体成因模式[J]. 矿物学报, 1997, 17(4): 448-456.

[51] 刘建明, 叶杰, 何斌斌, 等. 华南巨型锑矿带中的 SEDEX 型锑矿床[J]. 矿床地质, 2002, 21(增刊): 169-172.

[52] 刘凯, 毛建仁, 赵希林, 等. 湖南紫云山岩体的地质地球化学特征及其成因意义[J]. 地质学报, 2014, 88(2): 208-227.

[53] 刘守林, 彭建堂, 胡阿香, 等. 湘中锡矿山矿区与成矿有关的角砾岩及其形成机制[J]. 地质论评, 2017, 63(1): 75-88.

[54] 刘文均. 华南几个锑矿床的成因探讨[J]. 成都理工大学学报(自然版), 1992, 19(2): 10-19.

[55] 刘英俊, 马东升. 金的地球化学[M]. 北京: 科学出版社, 1991.

[56] 刘智渊. 湖南锡矿山锑矿床成因及找矿靶区探讨[A]. 锡矿山锑矿地质找矿专家研讨会论文集[C]. 冷水江: 湖南锡矿山矿务局, 1995, 57-60.

[57] 李院生, 卢焕章, 陈晓枫, 等. 流体作用在地球动力学演化过程中的意义[J]. 地球科学进展, 1997(02): 29-34.

[58] 卢焕章, 范宏瑞, 倪培, 等. 流体包裹体[M]. 北京: 科学出版社, 2004.

[59] 卢焕章. 地球中的流体[M]. 北京: 高等教育出版社, 2011.

[60] 卢武长, 崔秉荃, 杨绍全, 等. 甘溪剖面泥盆纪海相碳酸盐岩的同位素地层曲线[J]. 沉积学报, 1994, 12(3): 12-19.

[61] 卢新卫, 马东升, 王五一. 湘中区域古流体的地球化学特征[J]. 地质找矿论丛, 2000, 15(4): 320-327.

[62] 卢新卫, 马东升. 湘中区域古流体及锡矿山锑矿成矿作用模拟[M]. 北京: 地质出版社, 2003.

[63] 鲁玉龙, 彭建堂, 阳杰华, 等. 湘中紫云山岩体的成因: 锆石 U-Pb 年代学、元素地球化学及 Hf-O 同位素制约[J]. 岩石学报, 2017, 33(6): 1686-1704.

[64] 马东升, 潘家永, 解庆林, 等. 湘中锑(金)矿床成矿物质来源—Ⅰ. 微量元素地球化学证据[J]. 矿床地质, 2002, 21(4): 366-376.

[65] 马东升, 潘家永, 解庆林. 湘中锑(金)矿床成矿物质来源—Ⅱ. 同位素地球化学证据[J]. 矿床地质, 2003, 22(1): 78-87.

[66] 弭希风. 湖南锡矿山超大型 Sb 矿床成矿流体演化——来自围岩蚀变及石英微量元素的约束[D]. 贵阳: 中国科学院地球化学研究所, 2018.

[67] 弭希风, 胡瑞忠, 付山岭, 等. 湖南锡矿山超大型锑矿床围岩蚀变元素迁移特征及定量计算研究[J]. 矿物岩石地球化学通报, 2019, 38(1): 103-113.

[68] 彭建堂, 胡阿香, 张龙升, 等. 湘中锡矿山矿区煌斑岩中捕获锆石 U-Pb 定年及其地质意义[J]. 大地构造与成矿学, 2014, 38(30): 686-693.

[69] 彭建堂, 胡瑞忠. 湘中锡矿山超大型锑矿床的碳、氧同位素体系[J]. 地质论评, 2001a, 47(1): 34-41.

[70] 彭建堂, 胡瑞忠, 邓海琳, 等. 锡矿山锑矿床的 Sr 同位素地球化学[J]. 地球化学, 2001b, 30(3): 248-256.

[71] 彭建堂, 胡瑞忠, 林源贤, 等. 锡矿山锑矿床热液方解石的 Sm-Nd 同位素定年[J]. 科学通报, 2002a, 47(10): 789-792.

[72] 彭建堂, 胡瑞忠, 邹利群, 等. 湘中锡矿山锑矿床成矿物质来源的同位素示踪[J]. 矿物学报, 2002b, 22(2): 155-159.

[73] 彭建堂, 胡瑞忠, 漆亮, 等. 锡矿山热液方解石的 REE 分配模式及其制约因素[J]. 地质论评, 2004, 50(1): 25-32.

[74] 彭建堂, 胡瑞忠, 袁顺达, 等. 南岭中段(湘南)中生代花岗质岩石成岩成矿的时限[J]. 地质论评, 2008, 54(5): 617-625.

[75] 彭建堂. 锑的大规模成矿与超常富集机制[D]. 贵阳: 中国科学院地球化学研究所, 2000.

[76] 饶家荣, 骆检兰, 易志军. 锡矿山锑矿田幔-壳构造成矿模型及找矿预测[J]. 物探与化探, 1999, 23(4): 241-249.

[77] 饶家荣, 肖海云, 刘耀荣, 等. 扬子、华夏古板块会聚带在湖南的位置[J]. 地球物理学报, 2012, 55(02): 484-502.

[78] 任纪舜. 论中国南部的大地构造[J]. 地质学报, 1990, 4: 275-288.

[79] 芮宗瑶, 李荫清, 王龙生, 等. 从流体包裹体研究探讨金属矿床成矿条件[J]. 矿床地质, 2003, 22(1): 13-23.

[80] 史明魁, 傅必勤, 靳西祥, 等. 湘中锑矿[M]. 长沙: 湖南科学技术出版社, 1993.

[81] 斯特罗纳. 含矿建造论(周裕潘译)[M]. 北京: 地质出版社, 1982.

[82] 苏文超, 朱路艳, 格西, 等. 贵州晴隆大厂锑矿床辉锑矿中流体包裹体的红外显微测温学研究[J]. 岩石学报, 2015, 31(4): 918-924.

[83] 陶琰, 高振敏, 金景福, 等. 湘中锡矿山式锑矿成矿物质来源探讨[J]. 地质地球化学, 2001, 29(1): 14-19.

[84] 涂光炽. 低温地球化学[M]. 北京: 科学出版社, 1998.

[85] 涂光炽. 中国层控矿床地球化学(第一卷)[M]. 北京: 地质出版社, 1984.

[86] 王川, 彭建堂, 徐接标, 等. 湘中白马山复式岩体成因及其成矿效应[J]. 岩石学报, 2021, 37(3): 805-829.

[87] 汪劲草, 彭恩生, 孙振家. 东川因民角砾岩为水压角砾岩的地质证据及其成因意义[J]. 地质论评, 1999, 45(1): 70.

[88] 汪劲草, 彭恩生, 孙振家. 流体动力角砾岩分类及其地质意义[J]. 长春科技大学学报, 2000, 35(1): 18-23.

[89] 汪劲草, 汤静如, 王国富, 等. 太白双王含金水压角砾岩形成过程和金矿体预测[J]. 地质论评, 2001, 47(5): 508-513.

[90] 汪元生. 流体研究及成矿地质流体体系的主要类型[J]. 四川地质学报, 2002, 22(2): 90-97.

[91] 王凯兴, 陈卫锋, 陈培荣, 等. 湖南歇马—紫云山岩体岩石成因研究[J]. 矿物岩石地球化学通报, 2011, 30(增刊): 97.

[92] 王莉娟, 王玉往, 王京彬, 等. 内蒙古大井锡多金属矿床流体成矿作用研究: 单个流体包裹体组分 LA-ICP-MS 分析证据[J]. 科学通报, 2006, 51(10): 1203-1210.

[93] 王孝磊, 周金城, 陈昕, 等. 江南造山带的形成与演化[J]. 矿物岩石地球化学通报, 2017, 36(05): 714-735+696.

[94] 王旭东, 倪培, 袁顺达, 等. 赣南漂塘钨矿锡石及共生石英中流体包裹体研究[J]. 地质学报, 2013, 87(6): 850-859.

[95] 王永磊, 徐钰, 张长青, 等. 中国锑矿成矿规律概要[J]. 地质学报, 2014, 88(12): 2208-2215.

[96] 魏俊浩, 刘丛强, 丁振举. 热液型金矿床围岩蚀变过程中元素迁移规律——以张家口地区东坪、后沟、水晶屯金矿为例[J]. 矿物学报, 2000, 20(6): 200-206.

[97] 邬斌, 王汝成, 李光来, 等. 赣南安前滩钨矿矿物学及流体包裹体研究[J]. 南京大学学报 (自然科学), 2020, 56(6): 788-799.

[98] 文国璋, 吴强, 刘汉元, 等. 锡矿山超大型锑矿床控矿规律及形成机理初步研究中[J]. 地质与勘探, 1993, 29(7): 20-27.

[99] 伍华进. 湘中锡矿山矿区角砾岩地质特征及其形成过程的数值模拟[D]. 长沙: 中南大学, 2017.

[100] 乌家达, 肖启明, 赵守耿. 中国锑矿床[A]. 宋叔和主编. 中国矿床(上册)[M]. 北京: 地质出版社, 1989.

[101] 吴良士, 胡雄伟. 湖南锡矿山地区云斜煌斑岩及其花岗岩包体的意义[J]. 地质地球化学, 2000, 28(2): 51-55.

[102] 肖启明, 曾笃仁, 金富秋, 等. 中国锑矿床时空分布规律及找矿方向[J]. 地质与勘探, 1992, 12: 9-14.

[103] 肖启明, 李典奎. 湖南锑矿成因探讨[J]. 矿床地质, 1984, 3(3): 13-26.

[104] 谢桂青, 彭建堂, 胡瑞忠, 等. 湖南锡矿山锑矿矿区煌斑岩的地球化学特征[J]. 岩石学报, 2001, 17(4): 29-36.

[105] 解庆林. 湘中湘西中低温热液矿床流体地质作用过程的地球化学研究[D]. 南京：南京大学，1996.

[106] 解庆林，马东升，刘英俊. 硅化作用形成机制的热力学研究——以锡矿山锑矿为例[J]. 地质找矿论丛，1996a，11(3)：1-8.

[107] 解庆林，马东升，刘英俊. 锡矿山锑矿床方解石的地球化学特征[J]. 矿床与地质，1996b，10(32)：94-99.

[108] 解庆林，马东升，刘英俊. 蚀变岩中物质迁移的定量计算[J]. 地质论评，1997，43(1)：106-112.

[109] 徐接标. 湖南白马山早古生代-中生代岩浆活动及其对成矿的约束[D]. 长沙：中南大学，2017.

[110] 徐学纯. 一门新兴地质学科——流体地质学[J]. 地球科学进展，1996，11(1)：62-64.

[111] 雅柯甫列夫. 金属矿床工业类型(彭万志译)[M]. 成都：地矿部矿床综合利用研究所，1991.

[112] 杨丹，徐文艺. 激光拉曼光谱测定流体包裹体成分研究进展[J]. 光谱学与光谱分析，2014，34(4)：874-878.

[113] 杨瑞琰，马东升，潘家永. 锡矿山锑矿床成矿流体的热场研究[J]. 地球化学，2003，32(6)：509-519.

[114] 杨舜全. 湖南省锑矿成因及找矿方向的探讨[J]. 湖南地质，1986，5(4)：12-25.

[115] 杨照柱，卢新卫，丘卉. 锡矿山锑矿稳定同位素地球化学研究[J]. 西安工程学院学报，1998a，20(4)：1-5.

[116] 杨照柱，丘卉，马东升. 锡矿山锑矿硅化灰岩研究[J]. 岩石矿物学杂志，1998b，17(4)：323-330.

[117] 杨照柱，马东升，解庆林. 锡矿山超大型锑矿床流体成矿作用及矿床成因[J]. 地质找矿论丛，1998c，13(3)：49-59.

[118] 杨志明，侯增谦，宋玉财，等. 西藏驱龙超大型斑岩铜矿床：地质、蚀变与成矿[J]. 矿床地质，2008，27(3)：279-318.

[119] 杨晓志，夏群科，Deloule E，等. 麻粒岩中的水对大陆下地壳性质和演化的启示[J]. 自然科学进展，2007，17(2)：148-162.

[120] 易建斌，单业华. 锡矿山锑矿床的成因新解——论伸展构造对超大型锑成矿的控制作用[J]. 湖南地质，1994，13(3)：147-151.

[121] 易建斌，付守会，单业华，等. 湖南锡矿山超大型锑矿床煌斑岩脉地质地球化学特征[J]. 大地构造与成矿学，2001，25(3)：290-295.

[122] 易建斌. 全球锑矿床成矿学基本特征及超大型锑矿床成矿背景初探[J]. 大地构造与成

矿学, 1994, 3(4): 199-208.

[123] 印建平, 戴塔根. 湖南锡矿山超大型锑矿床成矿物质来源、形成机理及其找矿意义[J]. 有色金属矿产与勘察, 1999, 8(6): 476-481.

[124] 袁见齐, 朱上庆, 翟裕生. 矿床学[M]. 北京: 地质出版社, 1984.

[125] 翟明国, 杨进辉, 刘文军. 胶东大型黄金矿集区及大规模成矿作用[J]. 中国科学(D辑: 地球科学), 2001, 31(7): 545-552.

[126] 张宝贵. 中国主要层控汞锑砷(雄黄、雌黄)矿床分类成矿模式与找矿[J]. 地球化学, 1989, 12(2): 131-137.

[127] 张德会, 金旭东, 毛世德, 等. 成矿热液分类兼论岩浆热液的成矿效率[J]. 地学前缘, 2011, 18(5): 90-102.

[128] 张德会. 成矿流体中金属沉淀机制研究综述[J]. 地质科技情报, 1997, 16(3): 53-58.

[129] 张德会. 成矿作用地球化学[M]. 北京: 地质出版社, 2015.

[130] 张东亮, 黄德志, 张宏法, 等. 湘中盆地基底的时代格架: 来自锡矿山碎屑锆石 U-Pb 年龄的证据[J]. 岩石学报, 2016, 32(11): 3456-3468.

[131] 张国林, 姚金炎, 谷湘平. 中国锑矿床类型及时空分布规律[J]. 矿产与地质, 1998, 12(5): 306-344.

[132] 张国伟, 郭安林, 王岳军, 等. 中国华南大陆构造与问题[J]. 中国科学: 地球科学, 2013, 43(10): 1553-1582.

[133] 张继彪, 刘燕学, 丁孝忠, 等. 江南造山带东段新元古代登山群年代学及大地构造意义[J]. 地球科学, 2020, 45(6): 2011-2029.

[134] 张龙升, 彭建堂, 张东亮, 等. 湘西大神山印支期花岗岩的岩石学和地球化学特征[J]. 大地构造与成矿学, 2012, 36(1): 137-148.

[135] 张敏, 张建峰, 李林强, 等. 激光拉曼探针在流体包裹体研究中的应用[J]. 世界核地质科学, 2007, 24(4): 238-244.

[136] 张荣华. 一个铁矿床的围岩蚀变和成因探讨[J]. 地质学报, 1974, 48(1): 53-86.

[137] 张婷, 彭建堂. 湘西合仁坪钠长石-石英脉型金矿床围岩蚀变及质量平衡[J]. 地球科学与环境学报, 2014, 36(4): 32-44.

[138] 张文淮, 张志坚, 伍刚. 成矿流体及成矿机制[J]. 地学前缘, 1996, 3(3-4): 245-252.

[139] 张义平, 张进, 陈必河, 等. 湖南白马山复式花岗岩基年代学及对区域构造变形时间的约束[J]. 地质学报, 2015, 89(1): 1-17.

[140] 张岳桥, 徐先兵, 贾东, 等. 华南早中生代从印支期碰撞构造体系向燕山期俯冲构造体系转换的形变记录[J]. 地学前缘, 2009, 16(01): 234-247.

[141] 赵守耿. 论锑矿的构造控矿特点及规律[J]. 有色金属矿产与勘探, 1992, 9(2): 73-81.

[142] 赵增霞, 徐兆文, 缪柏虎, 等. 湖南衡阳关帝庙花岗岩岩基形成时代及物质来源探讨 [J]. 地质学报, 2015, 89(7): 1219-1230.

[143] 郑乐平, 冯祖钧, 徐寿根, 等. 起源于地球深部的济阳拗陷 CO_2 气藏[J]. 科学通报, 1995(24): 2264-2266.

[144] 郑永飞. 地壳中流体作用的地球化学研究[J]. 世界科技研究与发展, 1996, 6(12): 32-39.

[145] 庄锦良. 锡矿山锑矿地质特征及成因探讨[J]. 岩相古地理文集, 1987, 5(1): 21-43.

[146] 邹君武. 锡矿山矿田古岩溶成矿地球化学环境研究[D]. 长沙: 中南工业大学, 1992.

[147] 邹同熙, 刘君健, 夏少波, 等. 全球锑矿床成矿学基本特征及超大型锑矿床成矿背景初探[J]. 湖南有色金属地质, 1985, 7(2): 34-41.

[148] Ague J J. Crustal mass transfer and tndex mineral growth in Barrow's garnet zone, Northeast Scotland[J]. Geology, 1997, 25: 73-76.

[149] Bailly L, Bouchot V, Beny C, et al. Fluid inclusion study of stibnite using infrared microscopy: an example from the Brouzils antimony deposit (Vendee, Armorican massif, France)[J]. Economic Geology, 2000, 95: 221-226.

[150] Bali E, Aeadi L E, Zierenberg R, et al. Geothermal energy and ore-forming potential of 600℃ mid-ocean-ridge hydrothermal fluids[J]. Geology, 2020, 48: 1221-1225.

[151] Basuki N I, Spooner E T. A review of fluid inclusion temperatures and salinities in Mississippi Valley-type Zn-Pb deoisits: Identifying thresholds for metal transport[J]. Exploration and Mining Geology, 2002, 11: 1-17.

[152] Bates R L, Jackson J A. Glossary of Geology[M]. American Geological Institute, 1987.

[153] Bodnar R J, Lecumberri-Sanchez P, Moncada D, et al. Fluid inclusions in hydrothermal ore deposits[M]. In: Holland H. D. and Turekian K. K. (eds.) Oxford: Elsevier. Treatise on Geochemistry, Second Edition, 2014, 13: 119-142.

[154] Bodnar R J, Vityk M O. Interpretation of microthermometric data for H_2O-NaCl fluid inclusions[J]. Fluid inclusions in minerals: methods and applications, 1994: 117-130.

[155] Borisenko A S, Obolensky A A. Concentration of ore-forming solutions as a factor of formation of superlarge deposits[J]. Geotectonica et Metallogenia, 1994(Z2): 1-4.

[156] Bril H. Fluid inclusion study of Sn-W-Au, Sb- and Pb-Zn mineralizations from the Brioude-Massiac district(French Massif Central)[J]. Tschermaks Mineralogische and Petrographische Mitteilungen, 1982, 30: 1-16.

[157] Buchholz P, Oberthür T, Lüders V, et al. Multistage Au-As-Sb mineralization and crustal-scale fluid evolution in the Kwekwe district, Midlands Greenstone Belt, Zimbabwe: A

combined geochemical, mineralogical, stable isotope, and fluid inclusion study[J]. Economic Geology, 2007, 102: 347-378.

[158] Cail T L, Cline J S. Alteration associated with gold deposition at the Getchell Carlin-type gold deposit, north-central Nevada[J]. Economic Geology, 2001, 96(6): 1343-1359.

[159] Campbell A R, Hackbarth C J, Plumlee G S, et al. Internal features of ore minerals seen with the infrared microscope[J]. Economic Geology, 1984, 79(6): 1387-1392.

[160] Campbell A R, Panter K S. Comparison of fluid inclusions in coexisting (cogenetic?) wolframite, cassiterite, and quartz from Stibnite Michael's Mount and Cligga Head, Cornwall, England[J]. Geochimica et Cosmochimica Acta, 1990, 54: 673-681.

[161] Campbell A R, Robinson-Cook S. Infrared fluid inclusion microthermometry on coexisting wolframite and quartz[J]. Economic Geology, 1987, 82: 1640-1645.

[162] Charvet J, Shu L, Faure M, et al. Structural development of the Lower Paleozoic belt of South China: Genesis of an intracontinental orogen[J]. Journal of Asian Earth Sciences, 2010, 39 (4): 309-330.

[163] Chen W F, Chen P R, Huang H Y, et al. Chronological and geochemical studies of granite and enclave in Baimashan pluton, Hunan, South China[J]. Science in China Series D, 2007, 50(11): 1606-1627.

[164] Chi G X, Diamond L W, Lu H Z, al. Common problems and pitfalls in fluid inclusion study: A review and discussion[J]. Minerals, 2021, 11(7): 1-23.

[165] Chu Y, Faure M, Lin W, et al. Tectonics of the Middle Triassic intracontinental Xuefengshan Belt, South China: new insights from structural and chronological constraints on the basal decollement zone[J]. International Journal of Earth Sciences, 2012a, 101(8): 2125-2150.

[166] Chu Y, Lin W, Faure M, et al. Phanerozoic tectonothermal events of the Xuefengshan Belt, central South China: Implications from U-Pb age and Lu-Hf determinations of granites[J]. Lithos, 2012b, 150: 243-255.

[167] Cline J S, Hofstra A H, Muntean J L, et al. Carlin-type gold deposits in Nevada: Critical geologic characteristics and viable models[J]. Economic Geology, 2005, 100: 451-484.

[168] Conliffe J, Wilton D H C, Blamey N J F, et al. Paleoproterozoic Mississippi Valley Type Pb-Zn mineralization in the Ramah Group, Northern Labrador: Stable isotope, fluid inclusion and quantitative fluid inclusion gas analyses[J]. Chemical Geology, 2013, 362: 211-223.

[169] Crerar D A, Barnes H L. Ore solution chemistry, V: Solubilities of chalcopyrite and chalcocite assemblage in hydrothermal solution at 200℃ to 350℃[J]. Economic Geology, 1976, 71(4): 772-794.

［170］Diamond L W. Fluid inclusion evidence for P-V-T-X evolution of hydrothermal solutions in late-Alpine gold-quartz veins at Brusson, Val d'Ayas, northwest Italian Alps［J］. American Journal of Science, 1990, 290: 912-958.

［171］Dill H G, Melcher F, Botz R. Meso- to epithermal W-bearing Sb vein-type deposits in calcareous rocks in western Thailand: with special reference to their metallogenetic position in SE Asia［J］. Ore Geology Reviews, 2008, 34: 242-262.

［172］Emsbo P, Hofstra A H. Origin of high-grade gold ore, source of ore fluid components, and genesis of the Meikle and Neighboring Carlin-type deposits, northern Carlin trend, Nevada ［J］. Economic Geology, 2003, 98: 1069-1105.

［173］Etheridge M A, Branson J C, Falvey D A, et al. Basin-forming structures and their relevance to hydrocarbon exploration in Bass Basin, southeastern Australia［J］. Journal of Structural Geology, 1984, 6: 167-182.

［174］Fan D L, Zhang T, Ye J. The Xikuangshan Sb deposit hosted by the Upper Devonian black shale series, Hunan, China［J］. Ore Geology Reviews, 2004, 24: 121-133.

［175］Faure M, Shu L S, Wang B, et al. Intracontinental subduction: a possible mechanism for the Early Palaeozoic Orogen of SE China［J］. Terra Nova, 2010, 21(5): 360-368.

［176］Fletcher R C, Hofmann A W. Simple models of diffusion and combined diffusion-infiltration metasomatism［C］. In Geochemical Transport and Kinetics［M］. Carnegie Inst. Washington Publish, 1974.

［177］Fu S L, Hu R Z, Yin R S, et al. Mercury and in situ sulfur isotopes as constraints on the metal and sulfur sources for the world's largest Sb deposit at Xikuangshan, Southern China［J］. Mineralium deposita, 2020a, 55: 1353-1364.

［178］Fu S L, Lan Q, Yan J. Trace element chemistry of hydrothermal quartz and its genetic significance: A case study from the Xikuangshan and Woxi giant Sb deposits in southern China ［J］. Ore Geology Reviews, 2020b, 126: 1-13.

［179］Fu S L, Hu R Z, Bi X W, et al. Origin of Triassic granites in central Hunan Province, South China: constraints from zircon U-Pb ages and Hf and O isotopes［J］. International Geology Review, 2015, 57: 97-111.

［180］Fyfe W S, Price N L, Thompson A B. Fluid in the Earth's Crust［M］. Amsterdam, Elsevier, 1978.

［181］Garofalo P S. Mass transfer during gold precipitation within a vertically extensive vein network (Sigma deposit-Abitibi greenstone belt-Canada). Part II. Mass transfer calculations［J］. European Journal of Mineralogy, 2004, 16(5): 761-776.

[182] Giggenbach W F, Stewart M K. Processes controlling the isotopic composition of steam and water discharges from steam vents and steam − heated pools in geothermal areas [J]. Geothermics, 1982, 11: 71−80.

[183] Goldfarb R J, Baker T, Dubé B, et al. Distribution, character, and genesis of gold deposits in metamorphic terranes[J]. Economic Geology, 2005, 100: 407−450.

[184] Goldstein R H, Reynolds T J. Systematics of Fluid Inclusions in Diagenetic Minerals: SEPM Short Course 31. Society for Sedimentary Geology[M]. 1994.

[185] Goldstein R H. Reequilibration of fluid inclusions in low−temperature calcium−carbonate cement[J]. Geology, 1986, 14: 792−795.

[186] Grant J A. The isocon diagram: A simple solution to Gresens equation for metasomatic alteration[J]. Economic Geology, 1986, 81(8): 1976−1882.

[187] Gresens R L. Composition−volume relationships of metasomatism [J]. Chemical Geology, 1967, 2: 47−65.

[188] Groves D I, Goldfarb R J, Gebre−Mariam M, et al. Orogenic gold deposits: A proposed classification in the context of their crustal distribution and relationship to other gold deposit types[J]. Ore Geology Reviews, 1998, 13: 7−27.

[189] Groves D I. Gold deposits in metamorphic belts: Overview of current understanding, outstanding problems, future research, and exploration significance[J]. Economic Geology, 2003, 98: 1−29.

[190] Guillemette N, Williams−Jones A E. Genesis of the Sb − W − Au deposits at Ixtahuacan, Guatemala: evidence from fluid inclusions and stable isotopes [J]. Mineralium Deposita, 1993, 28: 167−180.

[191] Günther D, Audétat A, Frischknecht R, et al. Quantitative analysis of major, minor and trace elements in fluid inclusions using laser ablation−inductively coupled plasmamass spectrometry [J]. Journal of Analytical Atomic Spectrometry, 1998, 13: 263−270.

[192] Guo S, Ye K, Chen Y, et al. A normalization solution to mass transfer illustration of multiple progressively altered samples using the isocon diagram[J]. Economic Geology, 2009, 104 (6): 881−886.

[193] Guo S, Ye K, Chen Y, et al. Fluid−rock interaction and element mobilization in UHP metabasalt: Constraints from an omphacite− epidote vein and host eclogites in the Dabie orogen [J]. Lithos, 2012, 136−139: 145−167.

[194] Hagemann S G, Lüders V. P − T − X conditions of hydrothermal fluids and precipitation mechanism of stibnite − gold mineralization at the Wiluna lode − gold deposits, Western

Australia: Conventional and infrared microthermometric constraints[J]. Mineralium Deposita, 2003, 38: 936-952.

[195] Hall D L, Sterner S M, Bodnar R J. Freeezing point deporession of NaCl-KCl-H₂O solutions [J]. Economic Geology, 1988, 83: 197-202.

[196] Harris A C, Golding S D. New evidence of magmatic - fluid related phyllic alteration: Implications for the genesis of porphyry Cu deposits[J]. Geology, 2002, 30: 335-338.

[197] Hedenquist J W, Arribas A, Reynolds T J. Evolution of an intrusion-centered hydrothermal system: Far Southeast-Lepanto porphyry and epithermal Cu-Au deposits, Philippines[J]. Economic Geology, 1998, 93: 373-404.

[198] Heijlen W, Muchez P, Banks D A. Origin and evolution of high-salinity, Zn-Pb mineralizing fluids in the Variscides of Belgium[J]. Mineralium Deposita, 2001, 36: 165-176.

[199] Heinrich C A, Pettke T, Halter W E, et al. Quantitative multi-element analysis of minerals, fluid and melt inclusions by laser-ablation inductively-coupled-plasma mass spectrometry[J]. Geochimica et Cosmochimica Acta, 2003, 67: 3473-3496.

[200] Henley R, Hedenquist J. The importance of CO₂ on freezing point measurements of fluid: evidence from active geothermal systems and implications for epithermal ore deposition[J]. Economic Geology, 1985, 80(5): 1379-1406.

[201] Hoefs J. Stable Isotope Geochemistry (3rd edition)[M]. Berlin: Springer-Verlag: 1987.

[202] Holloway J R. Graphite-CH₄-H₂O-CO₂ equilibria at low-grade metamorphic conditions[J]. Geology, 1984, 12: 455-458.

[203] Hu A X, Peng J T. Fluid inclusions and ore precipitation mechanism in the giant Xikuangshan mesothermal antimony deposit, South China: Conventional and infrared microthermometric constraints[J]. Ore Geology Reviews, 2018: 49-64.

[204] Hu X W, Pei R F, Zhou S. Sm-Nd dating for antimony mineralization in the Xikuangshan deposit, Hunan, China[J]. Resource Geology, 1996, 46: 227-231.

[205] Huang J C, Peng J T, Yang J H, et al. Precise zircon U-Pb and molybdenite Re-Os dating of the Shuikoushan granodiorite - related Pb - Zn mineralization, southern Hunan, South China [J]. Ore Geology Reviews, 2015, 71: 305-317.

[206] Hubbert M K, Willis D G. Mechanics of hydraulic fracturing[J]. Petroleum Transact-ions AIME, 1957, 210: 153-168.

[207] Jébrak M. Hydrothermal breccias in vein type ore deposit: A review of mechanisms, morphology and size of distribution[J]. Ore Geology Reviews, 1997, 12: 111-134.

[208] Jr P P H, Sutter J F, Belkin H E. Evidence for Late-Paleozoic brine migration in Cambrian

carbonate rocks of the central and southern Appalachians: Implications for Mississippi Valley-type sulfide mineralization[J]. Geochimica et Cosmochimica Acta, 1987, 51: 1323-1334.

[209] Kearey P. The Encyclopedia of the Solid Earth Sciences(The encyclopedia of the solid earth sciences)[M]. London: Blackwell Scientific Publications, 1993.

[210] Kerkhof A M V D, Hein U F. Fluid inclusion petrography[J]. Lithos, 2001, 55: 27-47.

[211] Kesler S E. Ore-forming fluids[J]. Elements, 2005, 1: 13-18.

[212] Krupp R E. Solubility of stibnite in hydrogen sulfide solutions, speciation, and equilibrium constants, from 25 to 350℃ [J]. Geochimimica et Cosmochimica Acta, 1988, 52: 3005-3015.

[213] Lahaye Y, Arndt N. Alteration of a Komatiite flow from Alexo, Ontario, Canada[J]. Journal of Petrology, 1996, 37(6): 1261-1284.

[214] Gaëtan L, Stanislas S, Laurent G F, et al. Deciphering fluid flow at the magmatic-hydrothermal transition: A case study from the world-class Panasqueira W-Sn-(Cu) ore deposit(Portugal)[J]. Earth and Planetary Science Letters, 2018, 499: 1-12.

[215] Laznicka P. Breccias and ores. Part1: History, organization and petrology of breccias[J]. Ore Geology Reviews, 1989, 4(4): 315-344.

[216] Li X H. U-Pb zircon ages of granties from the southern margin of the Yangtz block: Timing of neoproterozoic Jinning: Orogeny in SE China and implications for Rodinia assembly [J]. Precambrian Research, 1999, 97(1-2): 43-57.

[217] Li Z X, Li X H, Zhou H, et al. Grenvillian continental collision in south China: New SHRIMP U-Pb zircon results and implications for the configuration of Rodinia[J]. Geology, 2002, 30(2): 163-166.

[218] Li Z X, Li X H. Formation of the 1300-km-wide intracontinental orogen and postorogenic magmatic province in Mesozoic South China: A flat-slab sbuduction model[J]. Geology, 2007, 35: 179-182.

[219] Klemm L , Pettke T , Graeser S , et al. Fluid mixing as the cause of sulphide precipitation at Albrunpass, Binn Valley, Central Alps[J]. Swiss Journal of Geosciences Supplement, 2004, 84(1): 189-212.

[220] Lin W, Faure M, Monié P, et al. Tectonics of SE China: New insights from the Lushan massif (Jiangxi Province)[J]. Tectonics, 2000, 19(5): 852-871.

[221] Lindgren W. A suggestion for the terminology of certain mineral deposit [J]. Economic Geology, 1922, 17: 292-294.

[222] Lindgren W. Mineral Deposit (4th edition) [M]. New York: McGraw-Hill Book

Company, 1933.

[223] Longerich H P, Jackson S E, Günther D. Laser ablation inductively coupled plasma mass spectrometric transient signal data acquisition and analyze concentration calculation [J]. Journal of Analytical Atomic Spectrometry, 1996, 11: 899-904.

[224] Lüders V. Contribution of infrared microscopy to fluid inclusion studies in some opaque minerals (wolframite, stibnite, bournonite): Metallogenic implications [J]. Economic Geology, 1996, 91: 1462-1468.

[225] Maclean W H, Kranidiotis P. Immobile elements as monitors of mass transfer in hydrothermal alteration: Phelps Dodge massive sulfide deposit, Matagami, Quebec[J]. Economic Geology, 1987, 82(4): 951-962.

[226] Maclean W H. Mass change calculations in altered rock series[J]. Mineralium Deposita, 1990, 25(1): 1121-1148.

[227] Mccaig A M, Knipe R J. Mass-transport mechanisms in deforming rocks: recognition, using microstructural and microchemical criteria[J]. Geology, 1990, 18: 824.

[228] McCuaig T C, Kerrich R. P-T-t-deformation-fluid characteristics of lode gold deposits: evidence from alteration systematics[J]. Ore Geology Reviews, 1998, 12: 381-453.

[229] Moissette A, Shepherd T J, Chenery S R. Calibration strategies for the elemental analysis of individual aqueous fluid inclusions by laser ablation inductively coupled plasma mass spectrometry[J]. Journal of Analytical Atomic Spectrometry, 1996, 11: 177-185.

[230] Moritz R. Fluid salinities obtained by infrared microthermometry of opaque minerals: implications for ore deposit modeling – a note of caution [J]. Journal of Geoche - mical Exploration, 2006, 89: 284-287.

[231] Muchez P, Slobodnik M, Viaene W, et al. Mississippi Valley-type Pb-Zn mineralization in eastern Belgium: Indications for gravity-driven flow[J]. Geology, 1994, 22: 1011-1014.

[232] Munoz M, Shepherd T J. Fluid inclusion study of the Bournac polymetallic vein deposit (Montagne Noire, France)[J]. Mineralium Deposita, 1987, 22: 11-17.

[233] Muntean J L, Cline J S, Simon A C, et al. Magmatic-hydrothermal origin of Nevada's Carlin-type gold deposits[J]. Nature Geoscience, 2011, 4: 122-127.

[234] Ni P, Li W S, Pan J Y. Ore-forming fluid and metallogenic mechanism of wolframite-quartz vein-type tungsten deposits in South China[J]. Acta Geologica Sinica-English Edition, 2020, 94(6): 1774-1796.

[235] Obolensky A A, Gushchina L V, Borisenko A S, et al. Antimony in hydrothermal processes: Solubility, conditions of transfer, and metal-bearing capacity of solutions[J]. Russian Geology

and Geophysics, 2007, 48: 992-1001.

[236] Pan J Y, Ni P, Wang R C. Comparison of fluid processes in coex-isting wolframite and quartz from a giant vein-type tungsten deposit, South China: Insights from detailed petrography and LA-ICP-MS analysis of fluid inclusions[J]. American Mineralogist, 104(8): 1092-1116.

[237] Peng J T, Hu R Z, Burnard P G. Samarium-neodymium isotope systematics of hydrothermal calcites from the Xikuangshan deposits (Hunan, China): The potential of calcite as a geochronometer[J]. Chemical Geology, 2003, 200: 129-136.

[238] Peng J T, Zhou M F, Hu R Z, et al. Precise molybdenite Re-Os and mica Ar-Ar dating of the Mesozoic Yaogangxian tungsten deposit, central Nanling district, South China [J]. Mineralium Deposita, 2006, 41: 661-669.

[239] Ramboz C, Pichavant M, Weisbrod A. Fluid immiscibility in natural processes: use and misuse of fluid inclusion data: II. Interpretation of fluid inclusion data in terms of immiscibility [J]. Chemical Geology, 1982, 37: 29-48.

[240] Ridley J R, Diamond L W. Fluid chemistry of orogenic lode deposits and implications for genetic models[J]. SEG Reviews, 2000, 13: 141-162.

[241] Rimstidt J D. Gangue mineral transport and deposition. In: Barnes, H. L. Ed., Geochemistry of Hydrothermal Ore Deposits. 3rd edition[M]. Wiley, New York, 1997.

[242] Robb L. Introduction to Ore-forming Processes[M]. Blackwell, 2005.

[243] Robert F, Kelly W C. Ore-forming fluids in Archean gold-bearing quartz veins at Sigma mine, Abitibi greenstone belt, Quebec, Canada[J]. Economic Geology, 1987, 82: 1464-1482.

[244] Roedder E, Bodnar R J. Fluid Inclusion Studies of Hydrothermal Ore Deposits [M]. In: Barned HL(ed.) Geochemistry of Hydrothermal Ore Deposit, 3rd edition, John Wiley, New York, 1997.

[245] Roedder E. Fluid inclusion studies on the porphyry-type ore deposits at Bingham, Utah, Butte, Montana, and Climax, Colorado[J]. Economic Geology, 1971, 66: 98-118.

[246] Roedder E. Fluid Inclusions[M]. Washington, DC: Mineralogical Society of America, 1984.

[247] Rudnick R, Gao S. The composition of the continental crust, Treatise On Geochemistry[M]. New York: Elsevier, 2003.

[248] Ruggieri G, Cathelineau M, Boiron MC, et al. Boiling and fluid mixing in the chlorite zone of the Larderello geothermal system[J]. Chemical Geology, 1999, 154: 237-256.

[249] Schmidt C, Bodnar R J. Synthetic fluid inclusions. XVI: PVTX properties in the system $H_2O-NaCl-CO_2$ at elevated temperatures, pressures, and salinities [J]. Geochimica et Cosmochimica Acta, 2000, 64: 3853-3869.

[250] Shepherd T J, Chenery S R. Laser ablation ICP-MS elemental analysis of individual fluid inclusions: An evaluation study [J]. Geochimica et Cosmochimica Acta, 1995, 59: 3997-4007.

[251] Shu L S, Zhou X M, Deng P, et al. Mesozoic tectonic evolution of the Southeast China Block: New insights from basin analysis [J]. Journal of Asian Earth Sciences, 2009, 34 (3): 376-391.

[252] Sibson R H, Robert F, Poulsen K H. High-angle reverse faults, fluid-pressure cycling, and mesothermal gold-quartz deposits [J]. Geology, 1988, 16: 551-555.

[253] Skinner B J. Hydrothermal mineral deposits: what we do and don't know [C]. In: Barnes, H. L. Ed., Geochemistry of Hydrothermal Ore Deposits [M]. 3rd edition. Wiley, New York, 1997.

[254] Spycher N F, Reed M H. As (Ⅲ) and Sb (Ⅲ) sulfide complexes: An evaluation of stoichiometry and stability from existing experimental data [J]. Geochimica et Cosmochimica Acta, 1989, 54: 2158-2194.

[255] Su W C, Heinrich C A, Pettke T, et al. Sediment-hosted gold deposits in Guizhou, China: Products of wall-rock sulfidation by deep crustal fluid [J]. Economic Geology, 2008, 104: 73-93.

[256] Thomas J B, Watson E B, Spear F S, et al. TitaniQ under pressure: the effect of pressure and temperature on the solubility of Ti in quartz [J]. Contributions to Mineralogy and Petrology, 2010, 160(5): 743-759.

[257] Ulrich T, Günther D, Heinrich C A. The evolution of a porphyry Cu-Au deposit, based on LA-ICP-MS analysis of fluid inclusions: Bajo de la Alumbrera, Argentina [J]. Economic Geology, 2002, 97: 1889-1920.

[258] Wang X L, Shu L S, Xing G F, et al. Post-orogenic extension in the eastern part of the Jiangnan orogen: Evidence from ca 800-760 Ma volcanic rocks [J]. Precambrian Research, 2012, 222-223: 404-423.

[259] Wang Y, Zhang Y, Fan W, et al. Structural signatures and $^{40}Ar/^{39}Ar$ geochronology of the Indosinian Xuefengshan tectonic belt, South China Block [J]. Journal of Structural Geology, 2005, 27(6): 985-998.

[260] Wang Y J, Zhang F F, Fan W M, et al. Tectonic setting of the South China Block in the Early Paleozoic: Resolving intracontinental and ocean closure models from detrital zircon U-Pb geochronology [J]. Tectonics, 2010, 29(6): TC6020, doi: 10.1029/2010TC002750.

[261] Wei W F, Hu R Z, Bi X W, et al. Infrared microthermometric and stable isotopic study of

fluid inclusions in wolframite at the Xihuashan tungsten deposit, Jiangxi Province, China[J]. Mineralium Deposita, 2012, 47: 589–605.

[262] Wilkinson J J. Fluid inclusions in hydrothermal ore deposits[J]. Lithos, 2001, 55: 229–272.

[263] Wood S A, Crerar D A, Borcsik M P. Solubility of the assemblage pyrite–pyrrhotite–magnetite–sphalerite–galena–gold–stibnite–bismuthinite–argentite–molybdenite in H_2O–NaCl–CO_2 solutions from 200℃ to 350℃[J]. Economic Geology, 1987, 82: 1864–1887.

[264] Wu J D. Antimony vein deposits of China[J]. Ore Geology Reviews, 1993, 8: 213–232.

[265] Yang D S, Shimizu M, Shimazaki H, et al. Sulfur isotope geochemistry of the supergiant Xikuangshan Sb deposit, central Hunan, China: Constraints on sources of ore constituents[J]. Resource Geology, 2006, 56(4): 385–396.

[266] Yardley B W D, Bodnar R J. Fluids in the Continental Crust[J]. Geochemical Perspective, 2014, 3(1): 1–127.

[267] Yoo B C, Lee H K, White N C. Mineralogical, fluid inclusion, and stable isotope constraints on mechanisms of ore deposition at the Samgwang mine (Republic of Korea)–a mesothermal, vein–hosted gold–silver deposit[J]. Mineralium Deposita, 2010, 45: 161–187.

[268] Yuan S D, Peng J T, Hu R Z, et al. A precise U–Pb age on cassiterite from the Xianghualing tin–polymetallic deposit (Hunan, South China)[J]. Mineralium Deposita, 2008, 43: 375–382.

[269] Zhao K D, Jiang S Y, Sun T, et al. Zircon U–Pb dating, trace element and Sr–Nd–Hf isotope geochemistry of Paleozoic granites in the Miao'ershan–Yuechengling batholith, South China: implication for petrogenesis and tectonic–magmatic evolution[J]. Journal of Asian Earth Sciences, 2013, 74: 244–264.

[270] Zhou X M, Li W X. Origin of Late Mesozoic igneous rocks in Southeastern China: implications for lithosphere subduction and underplating of mafic magmas[J]. Tectonophysics, 2000, 326 (3–4): 269–287.

[271] Zhu Y N, Peng J T. Infrared microthermometric and noble gas isotope study of fluid inclusions in ore minerals at the Woxi orogenic Au–Sb–W deposit, western Hunan, South China[J]. Ore Geology Reviews, 2015, 65: 55–69.

[272] Zotov A V, Shikina N D, Akinfiev N N. Thermodynamic properties of the Sb(Ⅲ) hydroxide complex $Sb(OH)_3$(aq) at hydrothermal conditions[J]. Geochimica et Cosmochimica Acta, 2003, 67: 1821–1836.

附录　彩图

扫一扫，看彩图

图3-10　锡矿山煌斑岩的手标本及镜下照片

（a）、（b）新鲜的煌斑岩手标本；（c）~（f）煌斑岩镜下照片 [（c）~（e）为单偏光，（f）为正交偏光]

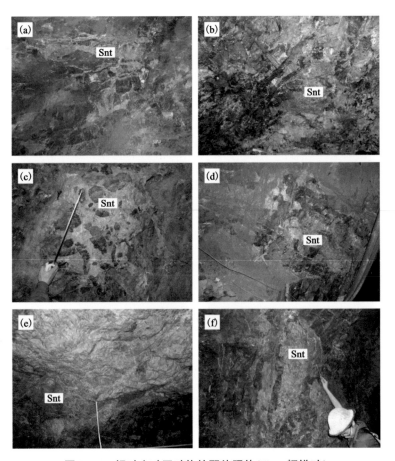

图 3-12　锡矿山矿区矿体的野外照片 (Snt-辉锑矿)

(a)顺硅化灰岩裂隙产出的Ⅰ号矿体；(b)硅化灰岩中的团块状Ⅱ号矿体；

(c)呈网脉状产出的Ⅲ号矿体；(d)顺硅化灰岩裂隙产出的Ⅳ号矿体；

(e)硅化灰岩中的囊状矿体；(f)硅化灰岩中的不规则矿体

图3-13 锡矿山矿区矿石类型手标本照片

(a)、(b)石英-辉锑矿型矿石;(c)、(d)方解石-辉锑矿型矿石;

(e)、(f)萤石-石英-辉锑矿型矿石;(g)、(h)重晶石-石英-辉锑矿型矿石

图 3-14　锡矿山矿区的矿石构造

(a)致密块状矿石；(b)放射状辉锑矿；(c)针状辉锑矿；(d)针簇状辉锑矿；
(e)长条状辉锑矿；(f)浸染状辉锑矿

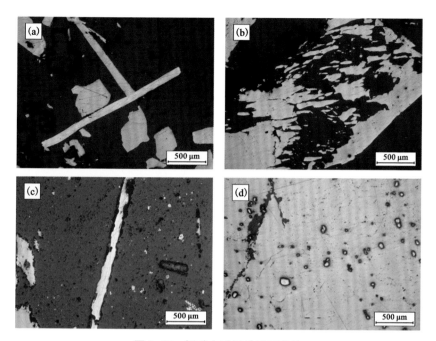

图 3-15 锡矿山矿区的矿石结构

(a) 自形、半自形辉锑矿与石英共生 (-)；(b) 硅化灰岩中的它形辉锑矿 (-)；

(c) 辉锑矿沿硅化灰岩裂隙充填 (-)；(d) 黄铁矿被辉锑矿交代、溶蚀呈浑圆状 (-)

图 3-16 锡矿山矿区的硅化灰岩

(a)、(b) 地表露头；(c)、(d) 井下露头

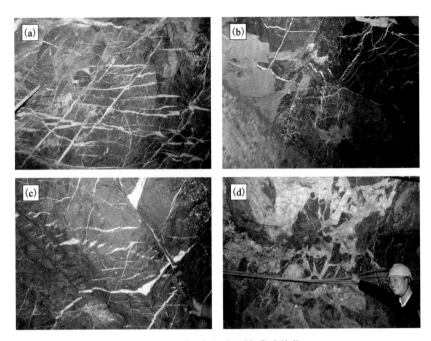

图 3-17　锡矿山矿区的碳酸盐化

(a)~(c)网脉状方解石；(d)方解石胶结弱硅化灰岩角砾

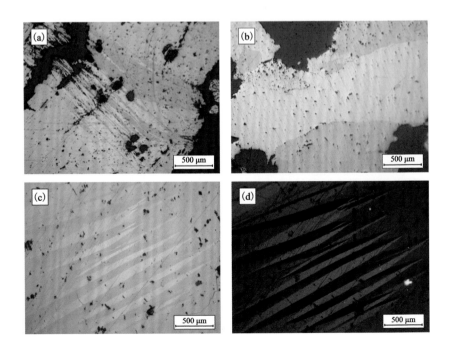

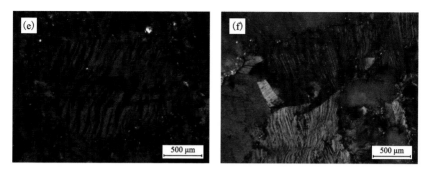

图 3-18　锡矿山矿区辉锑矿的镜下特征

(a)、(b)辉锑矿具多色性(-)；(c)辉锑矿的聚片双晶(-)；(d)辉锑矿的聚片双晶(+)；

(e)、(f)辉锑矿的揉皱结构和双晶(+)

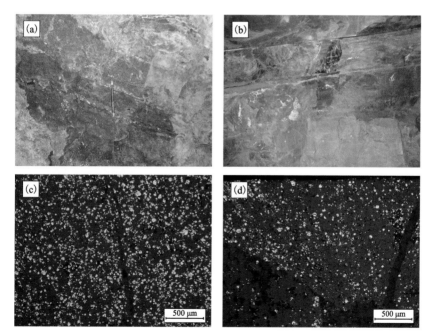

图 3-19　锡矿山矿区不同类型的黄铁矿

(a)页岩中的黄铁矿；(b)弱硅化灰岩中的黄铁矿；(c)、(d)硅化灰岩中的黄铁矿

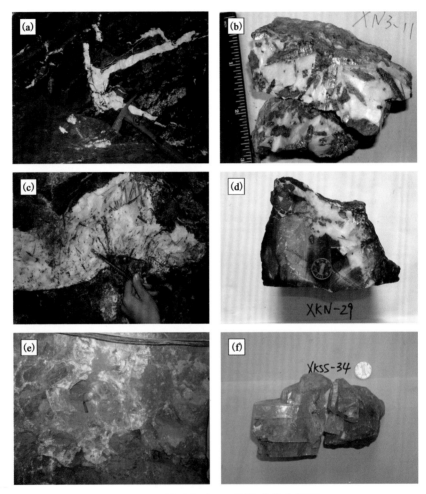

图 3-20 锡矿山矿区不同期次的方解石

(a)、(b)主成矿期;(c)、(d)成矿晚期;(e)、(f)成矿后

图 3-21 锡矿山矿区的萤石

(a)、(b)萤石的井下露头；(c)、(d)萤石的手标本照片

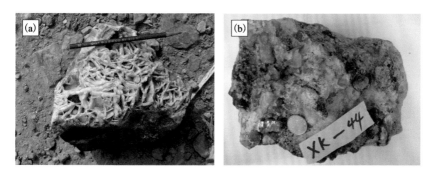

图 3-22 锡矿山矿区的重晶石

(a)板状重晶石；(b)板状和片状重晶石

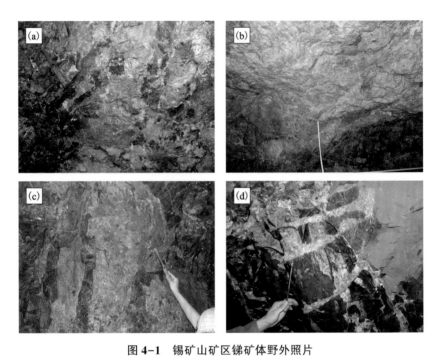

图 4-1 锡矿山矿区锑矿体野外照片

(a)网脉状锑矿体；(b)囊状锑矿体；(c)不规则状锑矿体；(d)针状辉锑矿切穿围岩层面

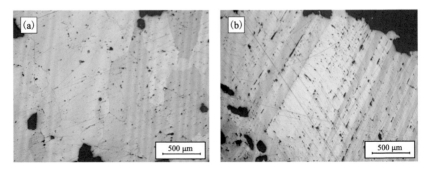

图 4-2 石英-辉锑矿型矿石中辉锑矿的镜下照片(一)

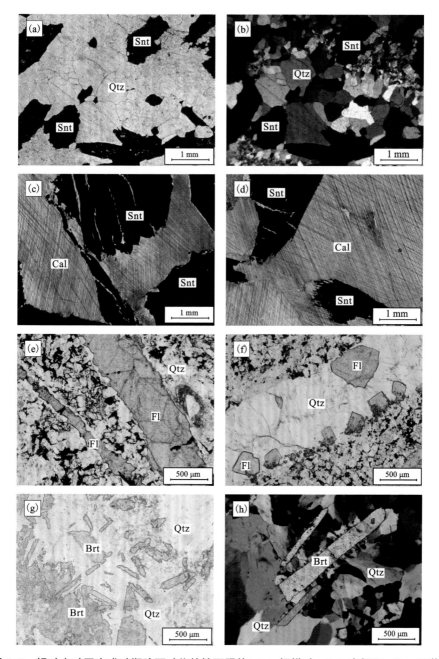

图 4-3　锡矿山矿区主成矿期脉石矿物的镜下照片（Snt-辉锑矿，Cal-方解石，Qtz-石英，
Fl-萤石，Brt-重晶石）（a、c-g 为单偏光，b、h 为正交偏光）

（a）、（b）与辉锑矿共生的石英；（c）、（d）与辉锑矿共生的方解石；（e）充填于硅化灰岩中的萤石脉；
（g）充填于硅化灰岩中的石英-萤石脉；（g）、（h）与石英共生的重晶石

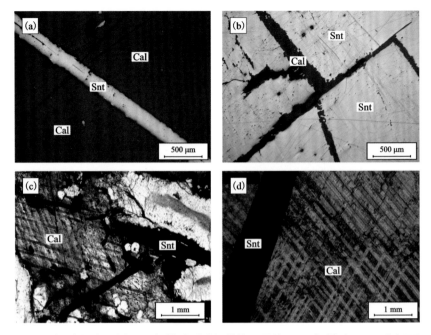

图4-4　锡矿山矿区方解石-辉锑矿型矿物的镜下照片(Snt-辉锑矿，Cal-方解石)

(a、b为反射光，c、d为透射光)

(a)针状辉锑矿分布于方解石中(-)；(b)方解石与辉锑矿共生(-)；(c)方解石(-)；(d)方解石(+)

图4-7　锡矿山矿区不同硅化程度的灰岩

(a)弱硅化灰岩；(b)、(c)硅化灰岩；(d)强硅化灰岩

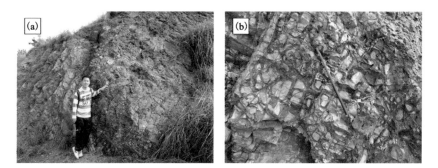

图 4-8　锡矿山矿区硅化泥灰岩露头

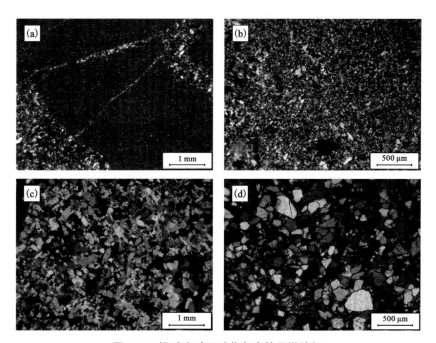

图 4-9　锡矿山矿区硅化灰岩的显微特征

（a）未硅化灰岩与硅化灰岩；（b）弱硅化灰岩；（c）硅化灰岩；（d）强硅化灰岩（均为正交偏光）

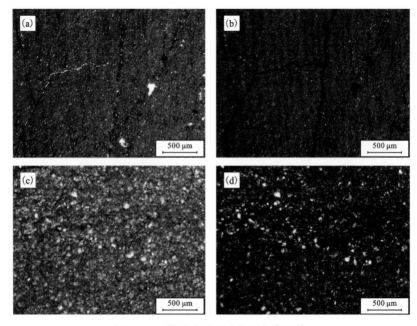

图 4-10　锡矿山矿区硅化泥灰岩照片

（a）、（b）弱硅化泥灰岩；（c）、（d）硅化泥灰岩（a、c 为单偏光；b、d 为正交偏光）

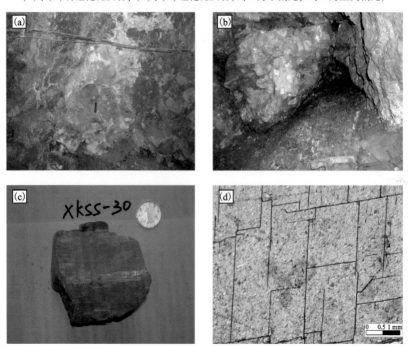

图 4-11　锡矿山矿区成矿后方解石

（a）、（b）晶洞方解石；（c）方解石手标本照片；（d）方解石的镜下照片（-）

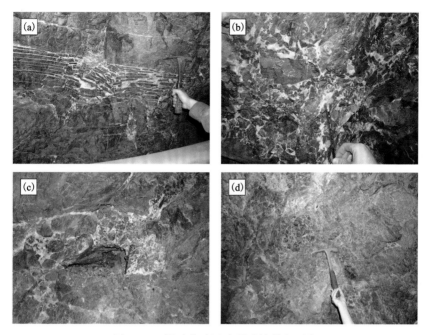

图 4-14 锡矿山矿区硅质胶结的角砾岩

图 4-15 锡矿山矿区硅质胶结角砾岩的手标本照片

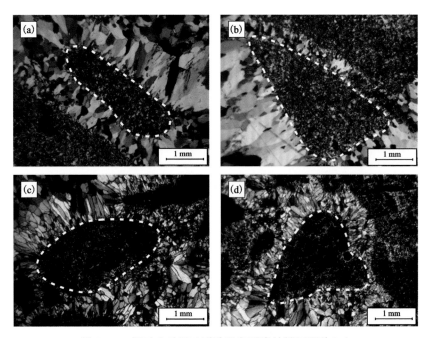

图 4-16   锡矿山矿区硅质胶结角砾岩的镜下照片(+)

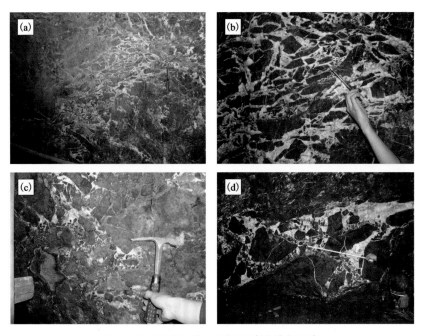

图 4-17   锡矿山矿区方解石胶结的角砾岩

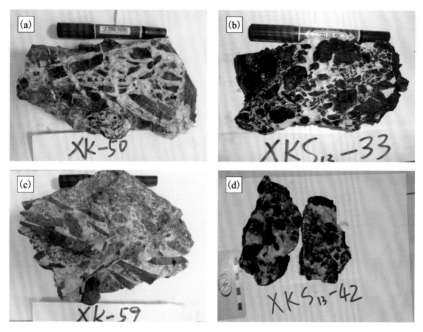

图 4-18 锡矿山矿区方解石胶结角砾岩的手标本照片

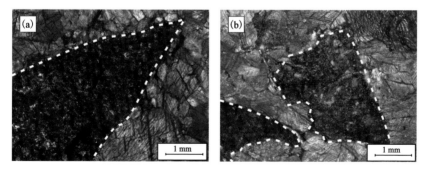

图 4-19 锡矿山矿区方解石胶结角砾岩的镜下照片 (-)

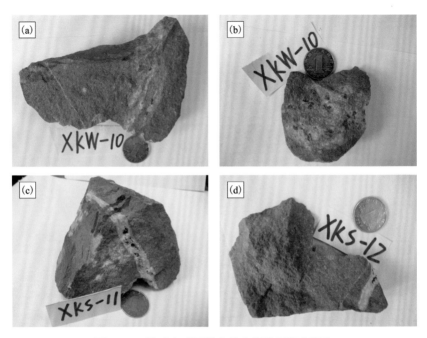

图 4-20　锡矿山矿区蚀变煌斑岩的手标本照片

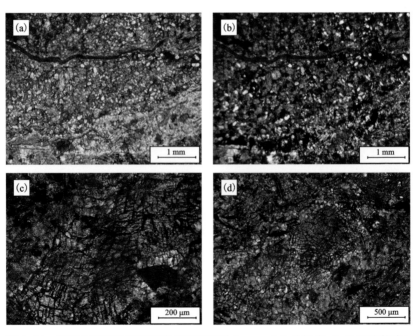

图 4-21　锡矿山矿区蚀变煌斑岩的镜下照片 (a、c、d 为单偏光；b 为正交偏光)

图 5-1　锡矿山矿区主成矿期流体包裹体研究对象的手标本和显微镜照片
（b 为反射光，d、f、h 为透射光）

（a）块状辉锑矿手标本；（b）辉锑矿镜下照片（+）；（c）石英-辉锑矿型矿石；
（d）粒状石英与针状辉锑矿共生的显微照片（+）；（e）萤石-石英-辉锑矿型矿石；
（f）与辉锑矿共生的石英、萤石的显微照片（-）；（g）重晶石-石英-辉锑矿手标本；
（h）与辉锑矿共生的重晶石、石英的显微照片（-）

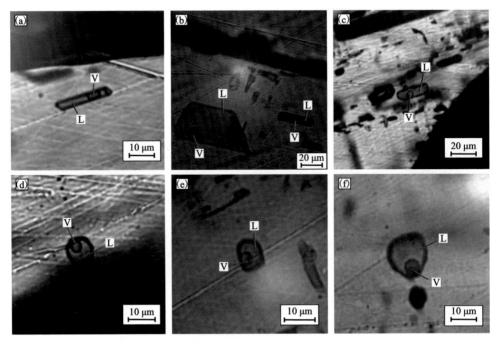

图 5-2　锡矿山矿区主成矿期辉锑矿的流体包裹体红外显微照片

(a)~(c)辉锑矿平行于{110}和/或{010}解理面的原生两相流体包裹体；

(d)~(f)辉锑矿垂直于{110}和/或{010}解理面的原生两相流体包裹体

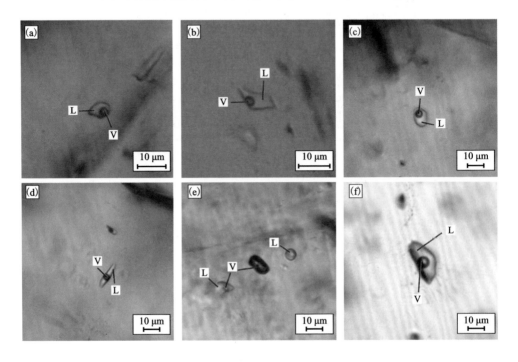

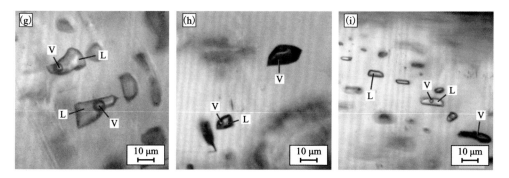

图 5-3 锡矿山矿区主成矿期脉石矿物(石英、萤石、重晶石)的流体包裹体显微照片

(a)、(b)石英中原生的Ⅱ型包裹体;(c)、(d)萤石中原生的Ⅱ型包裹体;

(e)萤石中同一视域的Ⅰ、Ⅱ、Ⅳ型包裹体;(f)重晶石中的Ⅱ型包裹体;(g)重晶石中的Ⅰ、Ⅱ型包裹体;

(h)重晶石中原生的Ⅱ、Ⅳ包裹体;(i)重晶石中同一视域的原生和假次生的Ⅰ、Ⅱ、Ⅲ、Ⅳ型包裹体

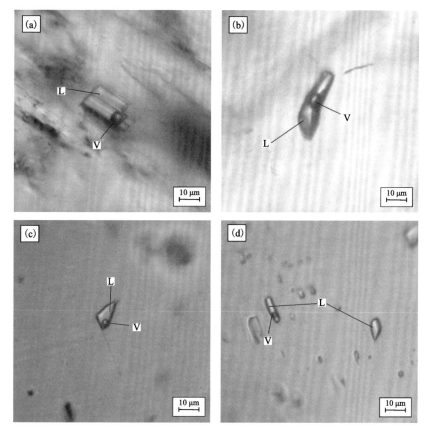

图 5-4 锡矿山矿区成矿晚期方解石的包裹体照片

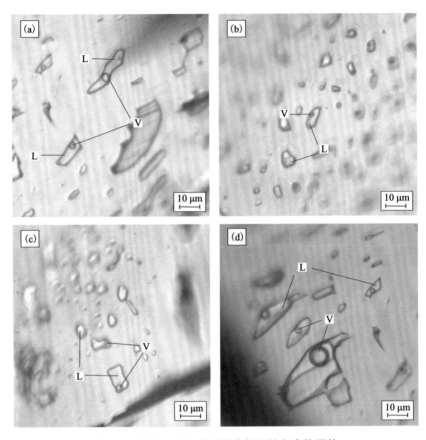

图 5-5　锡矿山矿区成矿后方解石的包裹体照片

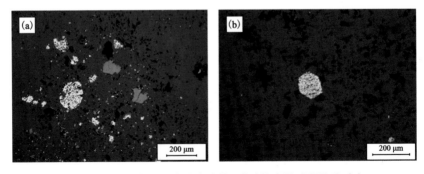

图 6-1　硅化灰岩中交代残余结构(碳酸盐岩的残留物为暗色)